U0176319

不一样的元气早餐

太阳猫工作室 编著

中国轻工业出版社

享受美味时光

在两年或者三年或者更早之前，太阳猫工作室没有太多征兆地出现了，像任何渺小而伟大的事物一般。好奇的人们经常会追问："咦？为什么叫太阳猫？真的有太阳猫吗？"

当我脑海里出现这三个字的时候，就觉得应该是它，它应该叫这个名字。根据调研我又发现，非洲的最南端确实有这样一种猫，每当日出之时，它们便会双足直立，虔诚地面向太阳。

想到这里，工作室的几个小伙伴不由地觉得肩膀上的使命感更重了，虽然我们一直在探讨，我们的使命究竟是什么？

我们选择了美食。

但是问题又来了。

我们工作室连一只猫都没有，这太荒唐了。于是，我们迅速置办了猫咪用品，领养了两只猫。

本着寓教于乐的想法，我们开始拍摄美食视频。先从简单的早餐入手，毕竟吃好早餐才能元气满满地开始一天。这着实很有趣，当然也并不轻松。每天要去菜市场买新鲜的菜，整理好玩的食谱，写轻松幽默的推文，给每一道菜取一个有趣的名字。我们多希望在枯燥繁琐的生活里，人们能学会苦中作乐，于是我们以身作则。

成年人做事的目的总是简单、纯粹，无非是赚钱谋生。但是太阳猫工作室第一年确实没有拿过一个商单，这真的很残酷，也就是说我们很穷哦。很明显，当时的我们过得很局促。也许是年轻不懂事，也许是每天忙着思考怎么把节目拍得再有趣一点儿，无暇顾及其他。除了喝杯奶茶、吃个麻辣烫，大家伙并不会用消极的方式处理负面情绪。就这样，成百上千个美食视频从小小的工作室中诞生，带给无数人生活的乐趣。

要说太阳猫带给了我们什么，我想应该是仪式感吧。

快节奏的生活总是匆匆忙忙，我们一手追着热点明星，一手点着外卖。残余的闲暇时光总是被碎片化的娱乐方式瓜分，属于一个人的时间太宝贵。其实你有更多的选择，你能在菜市场感受到人们在用力生活的烟火气，每一个蔬菜瓜果在展现自己最美的姿态。你也能在厨房感受创造力和成就感，连酱油都懂得用梅拉德反应提升自己的香气。食色，性也，用最原始的方式取悦自己，享受时光，岁月终将静好，你我终将抵达。

目 录
CONTENTS

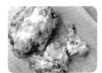

第二章 健身党不惧长胖的低卡早餐

意式燕麦脆饼
51

香蕉燕麦主食
52

花生酱巧克力燕麦杯
55

夏日冻燕麦杯
56

海鲜藜麦饭
58

藜麦饭团
60

馄饨皮绿豆卷
63

全素炊饭
64

鸡胸肉盖饭
66

原谅面
68

越南鸡粉
71

香菇鸡肉丸
72

麦片鸡胸肉
74

香酥坚果煎鸡胸
76

苹果迷迭香红薯蒸鸡胸
77

西蓝花鸡胸焗藜麦
79

黑椒土豆烤鸡肉
80

牛肉菜花碎
81

泰式牛肉芒果沙拉
83

虾仁芒果藜麦沙拉
85

金枪鱼鸡蛋盅
87

芝士燕麦虾仁烘蛋
89

变色煎蛋
91

创意烘蛋
93

时蔬豆浆汤
95

无糖抹茶燕麦粥
97

鸡蛋玉米豆腐羹
98

4

第三章 绝对正经的营养早餐

第四章 颜值爆表的可爱早餐

第一章 手残党也能做的零失败早餐

小时候逛糕点店时妈妈总会问："今天想吃面包还是蛋糕呀？"选择困难症的人这时往往就会"宕机"，怎么办，两个都想吃啊！后来，黑钻吐司横空出世，选择困难症不治而愈。

其貌不扬的黑钻吐司结合了牛奶面包的韧香和可可蛋糕的绵软，发明这个吐司的人一定是个天才。或者，也是个有选择困难症的吃货。

黑钻吐司

🕐 70分钟　⭐ 中等　👤 2人份

材料

面包

牛奶60毫升	白砂糖15克	酵母1.5克
鸡蛋液25毫升	高筋面粉130克	有盐黄油10克

巧克力酱

黑巧克力30克　黄油15克

蛋糕

低筋面粉50克	牛奶55毫升	鸡蛋3个
黄油30克	可可粉10克	白砂糖40克

做法

1 厨师机内放入鸡蛋液、牛奶、白砂糖、高筋面粉和酵母。

2 揉至扩展阶段，加入有盐黄油，继续高速揉面20分钟至面团出膜。

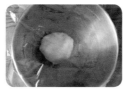

3 盖上保鲜膜发酵1个小时，至面团2倍大。

4 小锅中倒入黑巧克力和黄油，隔水加热至化开，然后放入冰箱冷藏，备用。

5 将发酵好的面团轻揉排气，擀平。

6 铺上巧克力酱。

7 卷起面皮，捏紧收口，放入吐司盒二次发酵。

8 将蛋清和蛋黄分离，蛋清放入冰箱冷藏，备用。

9 低筋面粉和可可粉倒入盆中。黄油和牛奶隔温水加热至化开，加入到粉类中，划"Z"字形拌匀，倒入蛋黄，继续划"Z"字形拌匀。

10 将白砂糖加入蛋清中，打发至干性发泡。

11 将蛋清与蛋黄糊翻拌均匀。

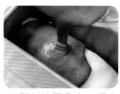

12 倒入吐司盒中，振出气泡。

小贴士

发酵面包的温度控制在28~38℃就可以了。烤箱如果有发酵功能，可以放在烤箱里发酵，别忘了放上一碗温水。

13 放入预热好的烤箱的中下层，180℃烤40分钟，切开即可食用。

仓鼠一家人吐司

🕐 15分钟　⭐ 简单　👤 1人份

材料

吐司4片　　　　　巧克力少许
花生酱适量

吐司是早餐时几乎天天见的角色，吃久了，就是再香也觉得寡淡。把它们做成"丑哭"的仓鼠一家人，不过丑也不怕，一家人最重要的是开心。

做法

1 用保鲜袋套住吐司。

2 将吐司的2个角用橡皮筋扎起来，静置至定形。

3 将保鲜袋和橡皮筋取下。

4 涂上花生酱。

5 用化开的巧克力描画出五官即可。

小贴士

1. 耳朵扎得长一点儿就做成兔子形了，还可以做成猫猫狗狗的形状。

2. 将巧克力酱加热化开，用牙签蘸取来画会更容易。

烤箱里的舞蹈

街头鸡蛋面包

🕐 30分钟　⭐ 简单　👤 1人份

材料

低筋面粉90克　　牛奶120毫升
鸡蛋2个　　　　黄油12克
白砂糖32克　　　泡打粉6克

从韩国火起来的这款鸡蛋面包，吃
起来口感并不像面包，反而有点儿
像软软的蛋糕。中间打入了一枚鸡
蛋，使面包变得活泼起来。周末闲
时在家做做烘焙，看面糊在烤箱里
"舞蹈"的样子。这款面包不用打发
鸡蛋，准备起来相当快。

街头鸡蛋面包

做法

1 将化开的黄油、白砂
糖和牛奶混合均匀。

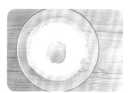

2 打入1枚鸡蛋。

3 筛入低筋面粉和泡打
粉，搅拌均匀。

4 将面糊倒入烤箱容器
中，中间再打入1个鸡蛋。

5 烤箱200℃预热，将
面糊烘烤15分钟，烤好
后再闷5分钟即可。

小贴士

1. 最后闷5分钟可以使鸡蛋熟透，如果喜
欢吃溏心鸡蛋，可以省去这一步。
2. 可以加入芝士或者其他你喜欢的材料。

红糖馒头

🕐 40分钟　⭐ 简单　👤 2人份

材料

面粉250克　　　　泡打粉6克
温水125毫升　　　小苏打1克
红糖100克

小时候特别讨厌吃白馒头，因为觉得嚼起来没什么味道。玉米馒头和红糖馒头味道相对浓郁、香甜，好吃多了。这款红糖馒头不需要发酵，做法简单，按喜好加点儿蜜豆会更好吃。

小贴士

这款馒头是专门为不会揉面、发面的朋友准备的，还省略了漫长的发酵时间。红糖水在化开时不用拼命搅拌，里面有颗粒也没有问题，混在馒头里非常好吃。

做法

1 面粉、泡打粉和小苏打混合均匀。

2 红糖用温水调开。

3 将红糖水加入粉类中混合均匀，揉成面团。

4 将面团分成几个小剂子。

5 水开后将面剂子放入蒸锅，中火蒸20~30分钟。

红糖馒头

日式茶巾绞

🕐 20分钟　⭐ 简单　👤 4人份

茶巾是日本茶道中用来拂拭茶碗边缘的麻布，用它做出来的茶点表面会带有麻布的质感，十分精致。用一些简单的红薯泥、紫薯泥就可以做出这道点心，还不易发胖。

材料

红薯500克
黄油20克
牛奶50毫升

茶巾（保鲜膜）1张
抹茶粉适量
豆沙适量

做法

1 红薯去皮、切小块，用水煮熟或用微波炉做熟。

2 趁热加入黄油和牛奶，将红薯压成泥。

3 将一小块红薯泥加入抹茶粉，变成绿色。

4 将一块黄色的红薯泥放在茶巾中间摊平，中间放入一块豆沙。

5 上面盖一块绿色红薯泥，包起来绞一下。依次做好其他茶巾绞即可。

小贴士

1. 如果没有茶巾，可以用保鲜膜代替，制作过程是一样的。同样的做法，还可以尝试用紫薯、山药或者土豆制作。

2. 因为红薯本身有甜味，就不用再加糖了，如果喜欢吃甜的同学可以自己添加适量糖。

3. 红薯富含膳食纤维和多种维生素，强饱腹感让你好几个小时也不会饿。

黄瓜三文鱼
三明治

黄瓜三文鱼三明治

🕐 25分钟　⭐ 简单　👤 1人份

三文鱼含有大量优质蛋白质，而且处理好的鱼肉不用去刺，是非常健康的食材。只要把三文鱼蒸熟再撕碎，加上黄瓜片，搭配吐司，就是一个超快手的早餐，也是工作日方便随身带走的便当。

材料

吐司2片　　　　　　盐少许
三文鱼200克　　　　蛋黄酱少许
黄瓜1根

做法

1 将三文鱼蒸熟后碾碎，加盐调味。

2 吐司去边。

3 黄瓜切成薄片。

4 将三文鱼肉铺在吐司上。

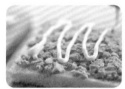

5 挤上蛋黄酱。

6 铺上黄瓜片。

7 从中间切开即可。

小贴士

黄瓜、吐司、三文鱼都是平时常见的食材，吃起来非常健康，蛋黄酱还可以换成其他更低脂的酱料。

17

猫王三明治

🕐 15分钟 ⭐ 简单 👤 1人份

这是一份看起来普通，却是摇滚巨星猫王最爱的三明治。厚厚的花生酱配上绵软的香蕉片，覆盖在黄油煎过的脆吐司上。对了，别忘了加几片在平底锅上吱吱作响的培根片。

材料

吐司2片　　培根2条　　蜂蜜适量
香蕉1根　　花生酱适量　黄油1块

做法

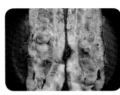

1 将培根煎熟。

2 香蕉切片。

小贴士

放入吐司时注意开小火，因为黄油容易煎焦。

猫王三明治

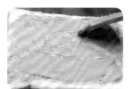

3 吐司上涂满花生酱。

4 锅里放入黄油化开。

5 放入吐司，铺上香蕉片和培根。

6 淋上蜂蜜。

7 盖上另一片吐司。

8 吐司变成金黄色后翻面，将另一面也煎成金黄色。

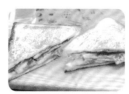

9 出锅后切开即可。

超快手卷饼

15秒做出一个饼?

以前做千层蛋糕,是用平底锅来摊千层薄饼的,很费力。每做完一张薄饼都要给平底锅降温,薄饼才能厚薄均匀。最近发现了一个很棒的小家电,15秒就能做一张饼皮,做完一摞饼皮只花了十来分钟,真的超方便,做春饼、做班戟、做千层都可以。

肉松蛋饼卷

🕐 20分钟　⭐ 简单　👤 3人份

材料

面粉200克　　　　肉松适量
水200毫升　　　　沙拉酱适量
鸡蛋2个　　　　　黑芝麻适量

做法

1 面粉、水、鸡蛋和黑芝麻混合,搅拌均匀。

2 将面糊倒入薄饼铛(春饼机),摊成薄饼。

3 放入肉松和沙拉酱。

4 包成正方形小块即可。

20

京酱肉丝卷

🕐 30分钟　⭐ 简单　👤 3人份

材料

面粉200克
水200毫升
菠菜汁10毫升
葱白适量
生菜适量
猪肉丝200克
甜面酱30克
白砂糖5克
生抽10毫升
老抽10毫升
油适量
淀粉适量
料酒适量
盐适量
白胡椒粉适量
葱、姜、蒜末各适量
水淀粉20毫升

做法

1 面粉和水混合均匀，加入菠菜汁，搅拌成绿色的面糊。

2 将面糊倒入薄饼铛（春饼机），制作出菠菜薄饼。

3 猪肉丝加入淀粉、料酒、盐、白胡椒粉和油，抓匀后静置20分钟，入味。

4 甜面酱加入白砂糖、生抽、老抽和20毫升水，搅拌均匀，备用。

5 热锅、倒油，爆香葱、姜、蒜末，放入腌制好的猪肉丝，用筷子不停划炒，直到肉丝变色，加入调好的酱汁，翻炒均匀，加水淀粉，大火收汁后出锅。

6 菠菜薄饼放上生菜、葱白和京酱肉丝，包裹起来后系上葱白即可。

爆浆里脊卷

🕐 20分钟　⭐ 简单　👤 3人份

材料

面粉200克
水200毫升
胡萝卜汁20毫升

洋葱1/2个
里脊300克
芝士碎适量

做法

1 面粉、水和胡萝卜汁混合后搅成面糊，倒入薄饼铛（春饼机）中，制成胡萝卜薄饼。

2 锅中热油，放入切丝的洋葱，翻炒至微软，放入里脊煎熟。

3 将洋葱丝和里脊放在胡萝卜薄饼上，撒芝士碎，包裹起来。

4 将里脊卷放入锅中，煎至两面金黄即可。

泡面饼

🕐 20分钟　★ 简单　👤 2人份

材料

泡面1袋　　　　　德式香肠3根
鸡蛋3个　　　　　葱花适量

泡面果然是"宅星人"必备，简单做就很好吃。
还吸引了隔壁家的"萌妹"直夸饼香。其实里面
只放了泡面、鸡蛋、葱花和德式香肠。好吃的东
西搭配在一起总不会差，好玩的人也一样。

小贴士

1. 不好翻面的话可以用碟子辅助一下，把锅中的饼倒扣在碟子里再慢慢滑入锅中。

2. 德式香肠可以换成自己喜欢的肉丁、热狗、腊肠、培根、火腿肠都可以。

泡面饼

做法

1 泡面压碎，放入漏勺中。

2 将漏勺浸入热水，泡约3分钟。

3 鸡蛋在大盆中打散，加入切片的德式香肠和葱花搅拌。

4 取出泡好的泡面碎，放入鸡蛋液中混合均匀。

5 加入泡面调料包。

6 平底锅抹少许油，倒入泡面碎，加盖，中小火焖3分钟。

7 翻面后继续加盖焖3分钟。

8 出锅后切开食用即可。

这款满足吃货食肉欲望的"炸鸡chizza"，乍一看特别吓人，这么一大块肉，覆盖上厚厚的芝士，一口咬下去外焦里嫩，芝士拉丝"几公里"，能量爆炸，不多长几斤肉都不好意思跟人说吃过。

炸鸡比萨

🕐 40分钟　⭐ 中等　👤 2人份

材料

鸡胸肉2块
马苏里拉芝士适量
比萨酱30克

黑胡椒粉少许
酱油30毫升
面包糠适量

鸡蛋2个
萨拉米香肠几片
青椒小半个

做法

1 鸡胸肉用肉锤锤松，加入酱油和黑胡椒粉腌制1小时后，裹一层面包糠。

2 鸡蛋打成蛋液，鸡胸肉裹一层鸡蛋液。

3 再裹一层面包糠。

4 将鸡胸肉放入油锅炸熟。

5 在炸好的鸡排上刷一层比萨酱。

6 铺上切成粒的青椒和萨拉米香肠片。

7 撒满马苏里拉芝士。

8 放入烤箱，180℃烤10～15分钟，芝士化开即可。

小贴士

1. 鸡胸肉在腌制前要先用肉锤锤松，或者将整块鸡胸肉剖成2片，让它更加容易入味。如果懒得自己做炸鸡排，买现成的大鸡排也可以。

2. chizza这个词就是炸鸡比萨的意思，曾在日本某快餐店限量发售。日本人对"限定"两个字常常很狂热，就像限定粉底、限定高跟鞋、限定小礼物等，所以这款限定炸鸡chizza也有了超高人气。

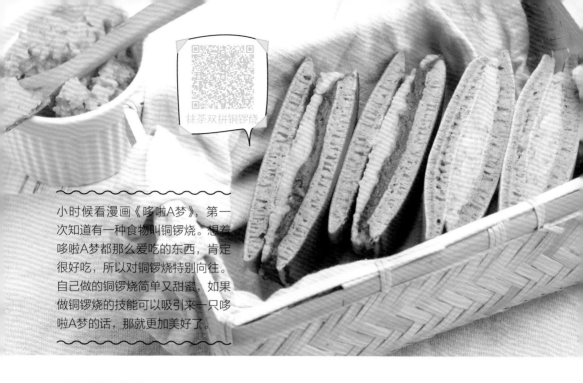

小时候看漫画《哆啦A梦》，第一次知道有一种食物叫铜锣烧。想着哆啦A梦都那么爱吃的东西，肯定很好吃，所以对铜锣烧特别向往。自己做的铜锣烧简单又甜蜜，如果做铜锣烧的技能可以吸引来一只哆啦A梦的话，那就更加美好了。

哆啦A梦的最爱

抹茶双拼铜锣烧

🕐 20分钟　⭐ 简单　👤 2人份

材料

低筋面粉110克　牛奶70毫升　　豆沙馅适量
抹茶粉5克　　　糖粉40克　　　芋泥馅适量
泡打粉3克　　　油10毫升

小贴士

1. 煎完一个铜锣烧后最好在锅上浇凉水，给锅降温。将冷水倒掉并把锅擦干后，再放入第2勺面糊。

2. 倒入面糊时让面糊从同一个点滴落，面糊才会呈圆形。

3. 铜锣烧的内馅没有限制，可以根据自己的喜好选择，还可以夹入冰淇淋，不过要尽快吃，化得好快！

做法

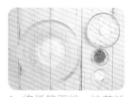

1 将低筋面粉、抹茶粉和泡打粉混合均匀。

2 牛奶、糖粉和油混合。

3 在牛奶中筛入粉类，搅拌均匀。

4 平底锅中不放油，舀入一勺面糊。

5 小火煎到表面快要凝固并出现气孔时翻面，再煎30秒出锅。

6 放凉之后夹入豆沙馅和芋泥馅即可。

亲子丼

🕐 10分钟　⭐ 简单　👤 1人份

用微波炉做的亲子丼，做法简单、快速又方便。

材料

鸡腿肉100克
鸡蛋1个
洋葱适量
酱油30毫升

味醂20毫升
白砂糖10克
米饭适量

小贴士

微波炉加热时可以找个大点儿、深点儿的盘子盖住碗，就不会把汁水弄得到处都是了。

做法

1 洋葱切丝后放入碗中。

2 加入切块的鸡腿肉，放入酱油、味醂和白砂糖，腌制15分钟。

3 盖上微波炉专用保鲜膜，微波炉高火加热5分钟后取出。鸡蛋打散，倒入碗中。

4 盖上保鲜膜，再用高火加热1分钟，取出后盖在米饭上即可。

亲子丼

咖喱馅宝岛棺材板

🕐 25分钟　⭐ 简单　👤 1人份

材料

厚吐司1条
咖喱块2块
洋葱小半个
猪肉馅80克

玉米粒30克
青豆30克
水淀粉少许

做法

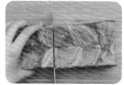

1　将厚吐司切成方形。

2　放入平底锅，不用放油，小火将各面煎香。

台湾夜市是吃货眼中的美食天堂，新奇的美食和更加新奇的叫法让人印象深刻。其中有道叫"棺材板"的食物最耸人听闻，台南地区的做法是将爆炒的鸡肝饭装进挖空的吐司，再盖上面包片。但是因为很多人不喜欢内脏，这次选用了咖喱肉末作为填馅。咖喱赋予了这道菜异域风情，而肉末也满足了饕餮食客的胃。

咖喱馅宝岛棺材板

3 将吐司内部挖空，做成盒子状，再另外煎一片吐司做盖子。

4 将洋葱切碎，用少许油煎香。

5 加入猪肉馅，炒至变色。

6 加入玉米粒和青豆炒散。

7 放入咖喱块和少许水煮开。

8 用少许水淀粉勾芡。

9 将做好的咖喱馅填入吐司盒中。

10 盖上吐司片即可。

小贴士

吐司要选稍微硬一点儿的。

圆白菜蛋糕

🕐 40分钟　⭐ 中等　👤 1人份

电影《小森林》女主角用圆白菜和姜汁做成的蛋糕，里面加了菜，味道甜甜的。可是有人一语道破，这不是煎菜饼吗？

材料

圆白菜小半个　　　　鸡蛋2个
姜1小块　　　　　　细砂糖30克
面粉40克　　　　　　植物油30毫升

做法

1 姜擦成泥。

2 圆白菜切成碎末。

圆白菜蛋糕

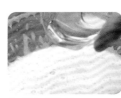
3 鸡蛋分3次加入细砂糖，打发成浓稠的糊状。
4 倒入植物油。

5 用纱布包裹姜泥，挤出姜汁，加入鸡蛋糊中，翻拌均匀。
6 加入面粉，翻拌均匀。

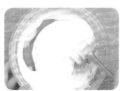

7 最后加入圆白菜碎末，拌匀。

8 倒入蛋糕模具中，放入170℃预热的烤箱中烘烤30分钟。

加班少女的福音　⏱ 25分钟　⭐ 简单　👤 1人份

爆炸鸡蛋派

材料

鸡蛋80克	面粉45克	油10毫升	黑芝麻适量
温牛奶80毫升	盐少许	葱花适量	

这大概是我见过的最简单的果腹食谱，比炒鸡蛋更有韧性，又不像鸡蛋饼那样要揉面、醒发，简直就是加班少女的福音！

做法

1 将鸡蛋、温牛奶、面粉和盐放入大盆中。

2 用电动打蛋器低速搅打至无颗粒。

3 加入葱花，搅拌均匀。

4 铸铁锅中放油，倒入面糊，煎至边上定形。

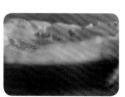

5 放入预热好的烤箱中，220℃烤20分钟，撒黑芝麻即可。

小贴士

根据铸铁锅大小，倒入铸铁锅高度的1/3~1/2的面糊就可以了。

趣味油豆腐盒子

落地成盒　⏱15分钟　⭐简单　👤1人份

趣味油豆腐盒子

材料

油豆腐6个　　　红椒1个　　　芝士片3片
青椒1个　　　小香肠6根

做法

打游戏时总失败？"落地成盒"怎么可能。战绩超棒的我总是带着队友取胜，有组队的吗？

1 芝士片对半切开，青椒、红椒切成与小香肠一样长的段。

2 油豆腐对半切开，中间划一刀。

小贴士

油豆腐要买大个的，不然装不下小香肠。蘸酱食用风味更佳。

3 芝士片包裹住青椒段、小香肠和红椒段，塞入油豆腐中。

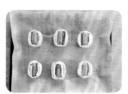

4 入烤箱，180℃烤8分钟即可。

33

总有一款你喜欢

和风豆腐

🕐 20分钟　⭐ 简单　👤 1人份

豆腐平平无奇？其实它有很多面，这次带来两种和风豆腐的做法，既有白白嫩嫩的，又有黄黄脆脆的，总有一款你喜欢！

材料

豆腐600克　　　　　日式酱油50毫升
生抽50毫升　　　　　芝麻油10毫升
味醂50毫升　　　　　姜末10克
水50毫升　　　　　　白砂糖10克
鱼子少许　　　　　　柴鱼片少许
葱丝少许　　　　　　葱花少许
白芝麻少许

和风豆腐

做法

1 取一部分豆腐切成
厚片。

2 将豆腐片放入油锅中，
中小火煎至两面金黄。

3 将生抽、味醂和水混
合成酱汁。

4 将酱汁倒入锅中，与
豆腐一起焖煮10分钟。

5 大火收汁，出锅后
撒鱼子、白芝麻和葱丝
装饰。

6 剩余豆腐焯水后切成
魔方状。

7 将日式酱油、芝麻
油、姜末和白砂糖搅拌
均匀。

8 淋在豆腐上。

9 撒上柴鱼片和葱花
装饰。

日式茶碗蒸

🕐 25分钟　⭐ 简单　👤 1人份

鸡蛋、毛豆、虾仁、香菇、鸡胸肉，营养满满，和爱情一起，占据我们的心灵。

材料

鸡蛋3个	毛豆10克	紫菜适量
水90毫升	香菇2片	料酒适量
虾仁3个	鸡胸肉丁10克	盐适量

日式茶碗蒸

1. 第一次上锅蒸至鸡蛋液表面凝固就可以了，具体时间根据茶碗大小来定。

2. 盖上保鲜膜可以防止水滴破坏蒸蛋平滑的表面，成品会更美观。

做法

1 鸡蛋打散，加入等量的温水。

2 虾仁加入料酒和盐，腌制片刻。

3 将一只虾仁放入茶碗中。

4 倒入过滤后的鸡蛋液。

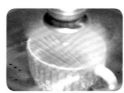

5 放入紫菜、盐、料酒，搅拌均匀。

6 盖上保鲜膜，保鲜膜表面戳些小洞。

7 大火蒸8分钟至蛋液表面凝固。

8 取出后放入香菇片、鸡胸肉丁、虾仁和毛豆，再上锅蒸8分钟即可。

仿真溏心煎蛋

仿真溏心煎蛋

⏱ 10分钟　⭐ 简单　👤 1人份

水果酸奶味的"煎蛋"，就算不爱吃鸡蛋的"小仙女们"也可以大快朵颐！

材料

酸奶40克　　　　　橙子1个
芒果1/2个　　　　　吉利丁片1片

做法

1　吉利丁片用冷水泡软。

2　橙子去皮。

3　芒果去皮。

4　将橙子和芒果果肉放入搅拌机，搅成糊。

5　泡好的吉利丁片隔水化开。

6　在酸奶和水果糊中分别加入化开的吉利丁片。

7　将酸奶糊倒在碟子上。

8　酸奶糊微微凝固后倒入水果糊，形成煎蛋的造型即可。

小贴士

浇好"蛋白"之后要等到"蛋白"凝固后再浇"蛋黄"，这样才不会混成一团。

日式奶油炖菜

配米饭绝佳

日式奶油炖菜

🕐 25分钟　⭐ 简单　👤 2人份

日式奶油炖菜之所以大家都爱吃，是因为可以选择并混搭自己喜欢的蔬菜和肉，一锅炖。淋上特殊的奶油酱，一口接着一口，停不下来！

材料

鸡腿肉200克
白蘑菇块50克
西蓝花100克

胡萝卜丁50克
洋葱块50克
土豆丁100克

盐适量
白胡椒粉适量
黄油20克

面粉25克
牛奶300毫升

做法

1 鸡腿肉用盐和白胡椒粉腌制片刻。

2 腌好的鸡腿肉裹一层薄面粉，放入平底锅中煎至金黄色后盛出。

3 留底油，放入洋葱块、胡萝卜丁、白蘑菇块和土豆丁翻炒，加盐调味。倒入几乎没过食材的水，盖上锅盖，小火焖煮，收干水分。

4 另起一锅，放入黄油，化开后加入面粉炒匀。

5 倒入牛奶搅拌，煮成浓稠的白酱。

6 倒入焯过水的西蓝花、鸡腿肉和炒好的蔬菜，搅拌均匀，用盐调味。

奶油炖菜是日本随处可见的料理，将肉类和蔬菜拌入白酱，可以搭配米饭食用。

闷烧杯早餐

闷烧杯早餐

对于迷恋夜生活的少男少女来说，早餐是鸡肋。往往"两耳不闻窗外事，一觉睡到十点半"。下厨房显然不明智，但是不吃点儿热的总觉得不踏实。用闷烧杯做出的这几款简易的美味，抚慰空虚寂寞的肠胃，真是居家、旅游的好帮手！

田园虾仁粥

🕙 10分钟　⭐ 简单　👤 1人份

材料

大米1人份　　　　虾仁8个
腊肠丁1小把　　　胡椒粉适量
玉米粒1小把　　　盐适量

做法

1 将大米、腊肠丁、玉米粒和虾仁放入闷烧杯，倒满开水。

2 预热5分钟后将水倒掉，换新的开水。

3 加入盐和胡椒粉调味。

4 盖上盖子，闷过夜即可。

紫薯椰浆西米露

🕐 10分钟　⭐ 简单　👤 1人份

材料

紫薯1小碗　　　　椰浆150毫升
西米50克　　　　白砂糖适量

做法

1 闷烧杯用开水预热5分钟，将水倒出。紫薯切小块，和西米一起倒入杯中，倒入开水闷四五个小时。

2 倒出紫薯和西米，加入椰浆拌匀。

3 加白砂糖调味即可。

自制酸奶

🕐 10分钟　⭐ 简单　👤 1人份

材料

酸奶150毫升　　　　牛奶300毫升

做法

1 闷烧杯用开水预热5分钟，将水倒出。倒入烧热的牛奶。

2 倒入酸奶。

3 加盖闷6个小时左右即可。

美龄粥

美龄粥

⏱ 60分钟　⭐ 简单　👤 2人份

前一晚吃过辣的，早上起床就会觉得不舒服，不如来一份美龄粥。当年宋美龄吃了这碗粥胃口大开，后来这就成了她钟爱的一道粥。再后来，这碗粥流传开，名曰美龄粥。

材料

糯米80克　　　　　水250毫升
粳米（大米）20克　白砂糖适量
豆浆800毫升　　　铁棍山药200克

做法

1 将糯米和粳米（大米）混合，浸泡1小时。

2 铁棍山药去皮、蒸熟，取2/3压成泥，剩余切成小块备用。

3 豆浆加水烧开。

4 加入泡好的米和山药泥，小火焖煮40~60分钟。

5 加入山药块和白砂糖，再煮片刻即可出锅。

小贴士

1. 铁棍山药是那种细山药，比普通的粗山药吃起来更粉糯，建议用铁棍山药做美龄粥。

2. 豆浆可以选用无糖的，如果用的有糖豆浆，白砂糖就可以少放，可按照各人口味调节。

3. 粳米就是大米（大米分为粳米和籼米），可以直接用大米。

奶油浓汤南瓜盅

奶油浓汤南瓜盅

🕐 15分钟　⭐ 简单　👤 1人份

南瓜、淡奶油加牛奶，微波炉转一下就很香。吃完把南瓜盖子盖上，还可以伪装成一个新南瓜，在南瓜堆里也不会被发现。

材料

小南瓜1个　　　　　　　盐适量
淡奶油70毫升　　　　　黑胡椒适量
牛奶200毫升

做法

1 小南瓜洗净、放进微波炉，高火加热10分钟。

2 取出后切下一个小盖子。

3 去掉南瓜子。

4 把南瓜肉挖出来，放入小碗里。

5 倒入淡奶油和牛奶，搅拌均匀。

6 加入盐和黑胡椒调味。

7 放入微波炉，中火加热2分钟，倒回南瓜盅里即可。

小贴士

1. 可以用料理机将南瓜肉搅打得再细腻些。

2. 挖南瓜肉时要小心，不要把南瓜皮挖破。

热带风暴

椰浆榴莲燕麦粥

🕐 15分钟　⭐ 简单　👤 2人份

榴莲的气味非常特殊，很多人甚至称它为全宇宙最好吃的水果。太阳猫这次做了一道椰浆榴莲燕麦粥，想尝试小清新口味的朋友可以试试。

材料

榴莲肉150克　　　　水250毫升
即食燕麦80克　　　　椰浆150毫升

小贴士

如果喜欢口味浓郁的，可以用牛奶代替水。榴莲本身比较甜，如果想更甜，还可以加些白砂糖。

做法

1 将榴莲肉去子、压成泥。

2 椰浆加水煮沸。

3 放入榴莲泥。

4 最后加入即食燕麦，煮到浓稠即可。

椰浆榴莲燕麦粥

第二章 健身党不惧长胖的低卡早餐

意式燕麦脆饼

意式燕麦脆饼

🕐 55分钟　⭐ 中等　👤 2人份

意式脆饼的意大利语是biscotti，是一种需要烘烤两次、低糖低油的饼干。意大利人爱好咖啡，这款饼干也成了常有的搭配。上大学时，教学楼边的咖啡店里就卖这款饼干，面朝着被阳光照成金色的玻璃落地窗坐下，一杯咖啡和一根脆饼，对这个早晨来说不多也不少。

材料

即食燕麦55克	盐适量
面粉120克	蜂蜜30毫升
泡打粉5克	鸡蛋1个
小苏打2克	橄榄油10毫升
肉桂粉3克	坚果或果脯适量

做法

1 将即食燕麦、面粉、泡打粉、小苏打、肉桂粉和盐混合。

2 将蜂蜜、鸡蛋和橄榄油混合。

3 将步骤1和步骤2的两部分材料混合。

4 放入坚果或果脯，揉匀。

5 将面团放在铺了烘焙纸的烤盘上，整理成长方形。

6 放入180℃预热的烤箱烘烤25分钟。取出放凉后切厚片。

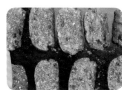

7 再次入烤箱，160℃烤15～20分钟，中间翻一次面。

小贴士

1. 意式脆饼是硬而脆的，没吃完可以放在密封袋或密封罐里，保存一周还是脆脆的。

2. 这款饼干的糖分和油分都很低，同时加入了燕麦，健身或者想保持身材的人尤其合适。如果喜欢吃较甜的，可以在面团里多加一些蜂蜜，或在饼干做好后蘸化开的巧克力做装饰。

3. 脆饼在烤箱内会膨胀，如果想做细长的，面团整形时可以做得瘦瘦的。

4. 第一次从烤箱拿出来，如果马上切会容易碎，要放凉一点儿，再用锋利的刀切。

香蕉燕麦主食

香蕉燕麦主食

生病时才能体会到健康是一件多么美好的事情，燕麦性味甘平，对身体大有好处。于是用燕麦为原料做了小面包，希望生病的人吃了可以早日恢复健康。还有燕麦松饼的做法，希望大家吃了都心平气和。

香蕉燕麦松饼

🕐 25分钟　⭐ 简单　👤 1人份

材料

香蕉150克　　　　燕麦100克
牛奶250毫升　　　肉桂少许

做法

1 将香蕉切小块，和其他材料一起放入搅拌机，搅成面糊。

2 平底锅刷薄薄一层油，保持小火，舀入面糊，底部凝固后翻面，两面煎熟后出锅。

香蕉燕麦面包

🕐 40分钟　⭐ 中等　👤 2人份

顶部燕麦

燕麦20克	红糖8克
椰子油6毫升	盐少许

面包

燕麦50克	面粉80克
香蕉泥130克	泡打粉3克
酸奶60毫升	盐少许
苹果丁50克	肉桂粉5克
鸡蛋40克	核桃20克

做法

1 将顶部燕麦部分的材料混合，备用。

2 将香蕉泥、苹果丁、酸奶和鸡蛋混合、搅匀。

3 混合所有剩余材料。

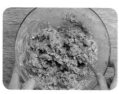

4 加入香蕉泥混合物中，搅匀。

5 将面糊填入烤盘中。

6 表面撒步骤1准备好的顶部燕麦材料。

7 送入175℃预热的烤箱中烤30分钟。

小贴士

1. 这两款早餐主要用香蕉来实现甜的口味，所以要选用较熟的香蕉，不会特别甜，比较健康。用料中有大量高纤维的燕麦，健身人士或者想保持身材的可以试试。

2. 香蕉燕麦面包的口感并不像松软的面包，内部带有香蕉的清香和湿润，还有核桃的优质脂肪。

3. 松饼糊里没有放油，煎时用不粘锅，刷一层薄油，小火煎即可。

有人吃酸奶会把盖都舔干净，而我觉得，吃酸奶应该把杯子也吃掉。不需要烤箱，用燕麦、花生酱和巧克力做出一个个可爱又结实的小杯子。在清晨的餐桌旁和爱人碰一碰杯，将它们吃得一干二净。

把杯子吃掉

花生酱巧克力燕麦杯

⏱ 15分钟　⭐ 简单　👤 1人份

花生酱巧克力
燕麦杯

材料

即食燕麦2杯　　　蜂蜜35毫升　　　蜜豆适量
花生酱1/4杯　　　香草精1小勺　　　谷乐脆适量
巧克力200克　　　牛奶50毫升　　　酸奶2杯

做法

1 将花生酱用微波炉加热化开。

2 加入蜂蜜，搅拌均匀。

3 在一半的即食燕麦里倒入花生酱，加入香草精，搅拌均匀。

4 模具包上保鲜膜。

5 放入燕麦，做成杯子形，压实，冷藏2小时后取出。

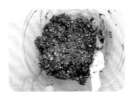

6 将巧克力隔水化开，和牛奶一起倒入另一半燕麦中，搅拌均匀。

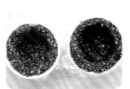

7 放入包好保鲜膜的模具中，做成杯子形，压实，冷藏2小时后取出。

8 将燕麦杯从模具中取出。

9 倒入酸奶，放入蜜豆和谷乐脆即可。

小贴士

燕麦杯里能放水果沙拉，还能放酸奶或牛奶，当然也可以直接吃掉，如果用碗做模具，就可以做出一个燕麦碗。

夏日冻燕麦杯

🕐 15分钟　⭐ 简单　👤 12小杯

谁说美食就不能颜值和营养兼顾呢？早餐最爱的还是捎饬燕麦，放上自己最爱的水果，超满足。这款不用烤箱的燕麦杯简直太棒了，记住，经常用脑，多吃六个核桃燕麦杯！

材料

快熟燕麦200克　　牛奶375毫升
水375毫升　　　　红糖25克

可选装饰

蓝莓　　　　　开心果　　　　葡萄干
树莓　　　　　核桃　　　　　红薯干
碧根果　　　　杏仁片

夏日冻燕麦杯

1. 这款燕麦杯材料非常健康，想减肥的人也可以吃，菜谱材料可以做12小杯，可以根据需要成比例增减。

2. 不吃时要一直保持燕麦杯冷冻，吃之前拿出来，放在室温下解冻10分钟左右就可以了，直接吃或搭配酸奶都可以。

3. 红糖加入不多，吃起来微甜，具体用量可以按口味调整。

做法

1 将快熟燕麦、牛奶、水和红糖在锅中混合，加热并煮沸两三分钟。

2 将燕麦牛奶糊搅拌均匀。

3 倒入模具里。

4 放上装饰的水果和坚果。

5 放入冰箱冷冻5小时以上，吃前提前10分钟拿出来解冻。

海鲜藜麦饭

🕐 45分钟　⭐ 中等　👤 2人份

地中海风情总是散发出浓浓的海洋气息。最初想到这份海鲜藜麦饭，是源于西班牙海鲜饭，结合上藜麦，就成了一道非常健康的主食。泡一杯柠檬水，享受这份地中海风情的美食吧。

材料

海鲜（虾、鱿鱼圈、文蛤 等）500克

藜麦200克	洋葱1/2个	黑胡椒适量
高汤300毫升	白蘑菇3个	欧芹碎适量
胡萝卜1小根	盐适量	迷迭香适量

海鲜藜麦饭

高汤不需要加太多，没过藜麦就行，快烧干了可以再添加。藜麦是一种非常健康的粗粮主食，熟得比较快，直接下锅煮熟也只需十五分钟左右，比米饭快很多。

做法

1 将所有海鲜放入锅里煮熟。

2 洋葱切丝，放入锅中炒香，加入藜麦翻炒后加入高汤。

3 加盐、黑胡椒、迷迭香和欧芹碎调味，继续炖煮。

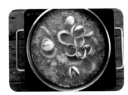

4 放入煮熟的海鲜。

5 放入切丁的胡萝卜和白蘑菇，煮软后大火收汁即可。

藜麦饭团

🕐 25分钟　⭐ 简单　👤 1人份

健身的朋友对藜麦一定不陌生，它能带给你持久的饱腹感，消化得缓慢，也避免了血糖过快升高造成的脂肪堆积，还拥有9种人体必需的氨基酸。这个饭团，适合吃撑了的你。

材料

藜麦250克	腊肠2根
糯米250克	料酒适量
洋葱1/2个	盐适量
香菇适量	海苔几片

小贴士

腊肠、洋葱、香菇可切碎一点儿，这样比较容易捏出饭团的形状，且不易散开。

做法

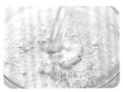

1 将藜麦和糯米分别泡发1小时。

2 放入蒸锅中蒸熟。

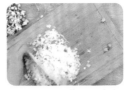

3 腊肠、洋葱和香菇切丁备用。

4 锅内放油，加入洋葱丁炒至微黄，再放入香菇丁和腊肠丁炒香。

5 倒入糯米和藜麦，翻炒均匀。

6 加入料酒和盐调味，炒均后出锅。

7 稍晾凉后捏成三角形，包上海苔即可。

藜麦饭团

馄饨皮绿豆卷

馄饨皮绿豆卷

⏱ 30分钟　⭐ 简单　👤 1人份

绿豆是祛暑、开胃必备利器，可以及时补充高温出汗后流失的营养物质，以达到清热解暑的效果。超快手的绿豆卷，色泽金黄、外脆里糯、清淡适口。在炎炎夏日里，吃一口清热解暑的绿豆卷，或许是最好的救赎。

材料

绿豆100克　　　　白砂糖20克
馄饨皮6张　　　　蛋黄1个

做法

1 将绿豆煮烂。

2 用料理机打成绿豆沙。

3 将绿豆沙倒入炒锅中慢慢炒干，按照自己口味加白砂糖。

4 将馄饨皮铺平，放入适量绿豆沙卷起来。

5 外皮表面刷上打散的蛋黄，放入190℃预热的烤箱，烤12分钟左右即可。

小贴士

夏天特别适合食用绿豆，有清热排毒的功效。绿豆卷制作的过程清淡无油，丝毫不会觉得油腻。

比肉还好吃

全素炊饭

平时无肉不欢的人刚开始是拒绝全素炊饭的，但最终还是被香味俘虏，忍不住吃一口之后一发不可收拾，一锅都消灭掉了。生抽酱香浓郁，香菇特有的香味被完全激发出来，一口下去，芋头糯、栗子粉，口感实在是太丰富了。

全素炊饭

芋头栗子炊饭

🕐 40分钟　⭐ 简单　👤 2人份

材料

大米1杯
芋头200克
香菇2朵
栗子100克
盐1/2勺
生抽1勺

做法

1 芋头去皮、切丁，栗子切丁，香菇洗净、去蒂、切片。大米用清水浸泡30分钟，控干水分，备用。

2 锅中放油，下芋头丁、栗子丁、香菇片炒香，放入大米翻炒，加盐和生抽翻炒均匀。

3 将炒匀的食材放入电饭锅中，加水，按煮饭键煮熟即可。

日式松茸炊饭

🕐 40分钟　⭐ 简单　👤 2人份

材料

香米1杯　　　　胡萝卜1根　　　　黄油1小块
松茸3个　　　　盐3克　　　　　　黑胡椒碎适量
干海带3片　　　日式酱油10毫升　香松适量

做法

1 干海带洗净、泡发，加入500毫升水，大火煮开后转小火，煮30分钟，盛出晾凉、备用。香米淘洗干净，放入电饭锅，加入600毫升水，浸泡30分钟。

2 胡萝卜洗净、切丁，松茸清理干净，切几片完整的片，其余切丁。锅内放油，油热后放入胡萝卜丁翻炒片刻，放入松茸丁，加盐调味。

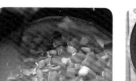

3 将炒好的松茸丁和胡萝卜丁倒入电饭锅中，加1.2倍煮海带的水，放入日式酱油，按煮饭键。

4 另起一锅，放入黄油，油温六成热后将松茸片煎至金黄，撒盐和黑胡椒碎调味后盛出。

5 将煮好的松茸饭装盘，盖上煎好的松茸，撒适量香松即可。

小贴士

除了松茸，还可以加入其他菌类。平时不想吃肉，吃菌菇类是不错的选择，可以做出肉类的味道和口感。

鸡胸肉盖饭

🕐 20分钟　⭐ 简单　👤 1人份

鸡胸肉有千万种吃法，这是不会长胖的吃法之一，甚至连沙拉酱也可以省去。

材料

鸡胸肉400克　　　口蘑5个　　　　番茄酱15克　　　水50毫升
淀粉25克　　　　味噌酱35克　　　白砂糖12克　　　米饭1碗
料酒30毫升　　　沙拉酱10克　　　酱油5毫升　　　香松适量

小贴士

1. 酱汁本身比较咸，一般就不需要再放盐了。可以多留一些酱汁倒在米饭上，味道超级好。

2. 香松是一种日式调味料，里面包含海苔、芝麻、柴鱼碎、糖和盐等，非常适合配米饭食用，网上很容易买到。这道菜里是最后加进去的，没有的话可以不放。

做法

1 鸡胸肉切片，加入淀粉和料酒拌匀。

2 口蘑切丁，将鸡胸肉片和口蘑丁放入锅里，用少许油将两面煎黄。

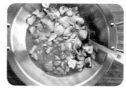

3 将味噌酱、沙拉酱、番茄酱、白砂糖、酱油和水混合，倒入锅中。

4 翻炒均匀、酱汁浓稠后出锅，盖在米饭上，撒少许香松。

鸡胸肉盖饭

原谅面

🕐 30分钟　⭐ 简单　👤 1~2人份

在这个忙碌的时代，大家都容易变得暴躁，很容易伤害身边的人。所以要多吃点儿绿色蔬菜，平心静气地生活。做人，最重要的是开心！来，下碗面给你吃。

材料

菠菜100克　　　　　面粉200克
可选材料
盐适量　　　　　　　酱油适量
白砂糖适量　　　　　西蓝花6朵
香油适量　　　　　　秋葵8个

做法

1　菠菜焯水后过凉水。　　2　将菠菜放入料理机，加一点儿水，打成泥。

小贴士

1. 菠菜汁加入的量可自己把握，一边慢慢倒水，一边用筷子搅动，揉成均匀的面团即可。

2. 给出的调料口味比较清淡，适合夏天，如果口味较重可以加其他自己喜欢的材料。

3 往面粉里慢慢倒入菠菜泥，揉成均匀的面团。

4 盖上保鲜膜，醒20分钟。

5 案板上撒少许面粉，将面团擀成薄片。

6 将面片切成长条。

7 将面条抻成长长的薄面片。

8 将面片放入开水中煮熟，捞出过凉水。

9 加入自己喜欢的调料和蔬菜，拌匀即可。

原谅面

越南鸡粉

越南鸡粉

🕐 35分钟　⭐ 中等　👤 1人份

不同于香茅和椰浆香气浓郁的泰国菜，越南菜口味以酸、甜为主，清爽、不刺激，也不油腻。一如这碗越南鸡粉，清淡却又鲜香。韧而细滑的河粉一出溜就滑下了喉咙，浸泡过冰水的手撕鸡肉皮爽肉滑，嗦一口粉，喝一口汤，味蕾中充斥着鸡汤的鲜和青柠的酸，回味里还带着一点儿小米椒的辛辣，恰到好处。暑气一扫而空，整个胃都舒坦了。夏天没胃口时不妨试试。

材料

鸡腿3只	桂皮1块	鱼露适量
河粉适量	八角1个	香菜少许
洋葱2个	青柠檬1/2个	小米辣几粒
姜1块	盐适量	

做法

1 将姜块、1个洋葱、八角和桂皮放在烤网上烤出香味。

2 将烤好的姜和洋葱切片，与八角和桂皮一起装入调料袋中。

3 锅中放水煮开，放入调料袋和鸡腿，大火煮开后放入少许盐，调小火煮20分钟。捞出鸡腿，在冰水中浸泡2分钟。

4 取出鸡腿，刷上油，静置5分钟后撕成鸡丝备用。

5 将另一个洋葱切成细丝，放入冰水中浸泡5分钟左右。

6 将锅里的香料包捞出，大火将鸡汤煮开，放入河粉烫熟，捞入碗中。

7 在河粉上码放鸡丝，加入盐和鱼露，浇上鸡汤，放洋葱丝、切片的青柠檬、香菜和小米辣即可。

小贴士

1. 火烤会让香料的味道更加柔和，洋葱和姜需要烤久一点儿，八角和桂皮容易烤焦，要注意火候，烤至闻到香味就好。

2. 洋葱切细丝再浸泡冰水，吃起来没有洋葱的辛辣，反而很脆，还带着丝丝甜味，作为日常的小菜也是不错的选择。

告诉你减肥怎么吃肉

香菇鸡肉丸

🕐 15分钟　⭐ 简单　👤 1人份

减肥要吃肉？没错，可是身边还有很多人不知道。不要每天苹果、玉米了，来点儿鸡胸肉吧，让你瘦得快，肚子还不会饿。

材料

鸡胸肉300克　　　淀粉少许
香菇几朵　　　　　酱油15毫升
盐少许　　　　　　白胡椒少许
鸡蛋1个　　　　　烧烤酱适量

香菇鸡肉丸

1. 鸡肉丸不要做得太大，微波炉高火加热3分钟能做熟。

2. 料理机打出来的鸡肉泥更加细腻，口感更好。没有料理机可以用刀剁成肉泥。

3. 没有微波炉可以将鸡肉丸用蒸锅蒸熟，或烤箱烤熟。水里煮熟、油里炸熟。

做法

1 将鸡胸肉用料理机打成泥。

2 加入切碎的香菇。

3 加入除烧烤酱之外的其他材料。

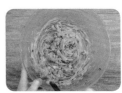

4 混合均匀并搅拌上劲。

5 将鸡肉泥做成一个个鸡肉丸，放入碗中。

6 盖上专用保鲜膜，放入微波炉，高火加热3分钟至熟。

7 刷上烧烤酱即可。

无肉不欢

麦片鸡胸肉

🕐 15分钟　⭐ 简单　👤 1人份

一碗牛奶麦片加几片面包，相信这是许多人的例行早餐，但是对无肉不欢的人来说，这些又怎么能够满足呢？今天的早餐有肉啦！麦片的口感与酥脆多汁的鸡胸肉结合，绝对能够满足你的胃口。

材料

麦片部分
即食麦片1杯　　　　　　白砂糖1大勺
奶粉1大勺　　　　　　　盐1小勺
其他
黄油30克　　　　　　　薄荷叶几片
鱼露1大勺

鸡肉部分
鸡胸肉1大块　　　　　　盐少许
鸡蛋1个　　　　　　　　白胡椒1小勺
淀粉2大勺　　　　　　　香油1大勺

小贴士

鸡胸肉如果不想油煎，可以用烤箱烤或者是微波炉做熟。

麦片鸡胸肉

做法

1 将鸡胸肉切片。

2 加入鸡肉部分的其他食材，搅拌均匀。

3 将鸡胸肉片放入锅中煎熟。

4 沥油、备用。

5 麦片部分的所有食材混合、备用。

6 黄油放入锅中，加热化开。

7 放入麦片，翻炒均匀。

8 倒入鸡胸肉片翻炒，加鱼露调味后盛出。最后用薄荷叶装饰。

香酥坚果煎鸡胸

⏱ 30分钟　⭐ 中等　👤 1人份

材料

鸡胸肉1大块	盐少许
黑芝麻10克	黑胡椒少许
巴旦木20克	料酒1大勺
花生10克	芝麻油1大勺
鸡蛋1个	

虽然炸鸡很多人爱吃，但对于爱好健康营养美食的人来说，炸鸡可是高能量的"红灯食物"。坚果仁和高蛋白、低脂肪的鸡胸肉组合，既含有优质脂肪酸和维生素E，还含有优质蛋白质。用少油煎鸡排的方式比油炸鸡排减少了油脂，不怕会长胖。

做法

1 鸡胸肉切成均匀的厚片。将鸡蛋打成蛋液，加入盐和黑胡椒调味。

2 鸡胸肉用蛋液、料酒和芝麻油腌制5分钟。

3 巴旦木、花生和黑芝麻放入料理机打碎。

4 鸡胸肉均匀裹上坚果碎。

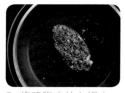

5 将鸡胸肉放入锅中，用少量油煎至两面金黄，再焖1分钟即可。

小贴士

1. 虽然坚果能量较高，但含有膳食纤维、不饱和脂肪酸，是维生素E和B族维生素的良好来源。黑芝麻可以滋养头发，花生中含有叶酸。只要控制坚果的摄入量，每天一小把，可以使皮肤富有弹性。

2. 这款鸡胸肉可以搭配芥末酱、番茄酱吃，还可以夹在吐司或手抓饼里。

双重享受

苹果迷迭香红薯蒸鸡胸

🕐 45分钟 ⭐ 简单 👤 1人份

材料

鸡胸肉1大块　　蒜2瓣
苹果1个　　　　盐少许
红薯1个　　　　迷迭香少许
苹果醋20毫升　　蜂蜜芥末酱20毫升
洋葱1/2个

一大早想吃肉，又想吃蔬果，想要甜蜜的味蕾和鼻腔的双重刺激，这一碗苹果迷迭香红薯蒸鸡胸最合适不过。

苹果迷迭香
红薯蒸鸡胸

做法

1 洋葱切片，蒜切末，鸡胸肉切厚片。鸡胸肉片中加入洋葱片、苹果醋、蒜末、迷迭香、盐和蜂蜜芥末酱。

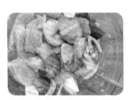

2 混合均匀后将鸡胸肉片冷藏，腌制过夜。

3 将鸡胸肉铺入烤盘，放上切块的红薯和苹果。

4 淋上腌制鸡胸肉的酱汁。

5 将苹果红薯鸡胸肉放入蒸锅，水开后大火蒸30分钟即可。

小贴士

1. 鸡胸肉如果想要更嫩滑，可以在腌制时放少许水淀粉。

2. 红薯、苹果和鸡胸肉富含优质蛋白质和碳水化合物，非常适合想减肥的人做早餐。

冬日不减肥，夏日徒伤悲。西蓝花、鸡胸肉、藜麦都是健身减脂好伙伴。最后还是忍不住放了满满一层芝士，为什么就是管不住自己的嘴呢！

鸡胸肉怎么又是你

西蓝花鸡胸焗藜麦

西蓝花鸡胸
焗藜麦

⏱ 30分钟　⭐ 中等　👤 1人份

材料

鸡胸肉1块
西蓝花1/4棵
培根2片
藜麦30克

牛奶250毫升
面粉15克
盐适量
黑胡椒适量

芝士适量
扁桃仁6颗

做法

1 鸡胸肉加盐和黑胡椒，腌制15分钟。

2 将鸡胸肉煎至两面金黄，然后撕成小块。

3 培根切小块，放入锅中煎熟。

4 西蓝花洗净、切小朵。

5 用盐水将西蓝花浸泡半个小时，捞出后烫熟、备用。

6 藜麦洗净，加入60毫升水，小火煮15分钟，水收干后关火。

7 将面粉炒至微微泛黄、出香味。

8 倒入牛奶。

9 加盐和黑胡椒搅拌均匀，熬成白酱。

10 倒入鸡胸肉块、西蓝花、培根块和藜麦，翻炒均匀，倒入烤碗中。

11 铺上芝士和扁桃仁，放入预热好的烤箱中，180℃烤15分钟即可。

小贴士

除了鸡胸、西蓝花、藜麦和培根，其他蔬菜和肉类也可以随意组合，拌上白酱烤制。

推荐给减肥宝贝

黑椒土豆烤鸡肉

🕐 35分钟　⭐ 简单　👤 1~2人份

材料

鸡胸肉300克　　大蒜1/2头　　蚝油25毫升
土豆2个　　　　黑胡椒适量　　酱油25毫升
圣女果5个　　　蜂蜜20毫升

小贴士

1. 蒜可以不去皮，很多西式料理都常常这么用。

2. 鸡胸肉如果嫌柴可以换成鸡腿肉，不过脂肪含量相对会高点儿，可以去皮再用。

3. 土豆的口感有点儿脆，所以要切得尽量小，可以放入蒸锅大火蒸30分钟左右。

4. 最后喷的一层橄榄油可防止鸡肉变干，如果没有喷雾，也可以腌鸡肉时放少许橄榄油。

做法

1 鸡胸肉切丁。

2 土豆切小丁，圣女果对半切开，大蒜拍散，取一部分做蒜蓉。

3 将所有调料以及蒜蓉加入到鸡丁和土豆丁里，抓匀（腌制过夜会更好吃）。

4 将鸡丁和土豆丁倒入容器，铺上圣女果和大蒜碎。

5 喷一层橄榄油后放入200℃预热的烤箱，烘烤25分钟。

牛肉菜花碎

🕐 25分钟　⭐ 中等　👤 1人份

作为一名正在减脂增肌的健身人士，饮食当然是以低碳水、低糖为主，平日里不能摄入过多的精制碳水化合物，可是炒饭总让人割舍不下。国外现在很流行用菜花代替米饭的做法，将菜花切碎，不论是烩还是炒，吃起来都和米饭一样，吃多少都不怕长胖。

材料

菜花1棵　　　　　酱油1大勺
洋葱1/2个　　　　盐适量
豌豆适量　　　　　白砂糖适量
玉米粒适量　　　　黑胡椒适量
牛肉丁100克

小贴士

1. 菜花掰下来后，梗可以不扔，用来做炒菜或腌个小菜都很合适。
2. 菜花如果用料理机打碎，可以不用打磨得过细，那样就没有米饭的口感了。

做法

1 将菜花掰成小朵。

2 用刀将菜花切碎或用料理机打碎，洋葱切碎。

3 将洋葱碎炒香，加入牛肉丁炒至变色，加入菜花碎、豌豆和玉米粒。

4 用酱油、盐、白砂糖和黑胡椒调味。

牛肉菜花碎

泰式牛肉
芒果沙拉

清爽又热辣

泰式牛肉芒果沙拉

🕐 25分钟　⭐ 简单　👤 2人份

这是一道地道的泰国料理，汇集酸、甜、辣，简单、清爽又热辣。

材料

牛肉1块
芒果1个
豆芽1小把

蒜2瓣
小米辣2个
鱼露2大勺

蜂蜜1大勺
青柠汁1小勺
生菜适量

薄荷叶适量
花生碎适量

做法

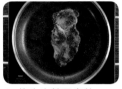

1　将牛肉煎至全熟。

2　蒜用压蒜器压成泥。

3　小米辣切丁，和蒜泥、青柠汁、蜂蜜、鱼露调成酱汁。

4　将煎熟的牛肉切条，芒果肉切长条。

5　沙拉碗中放入生菜、豆芽、芒果条和牛肉条，倒入酱汁，撒薄荷叶。

6　所有材料搅拌均匀。

7　撒上花生碎即可。

小贴士

东南亚口味的沙拉里还可以加入粉丝、青木瓜或虾仁，在夏天里这样的酸辣口味会让你感到清爽不油腻。

虾仁芒果
藜麦沙拉

虾仁芒果藜麦沙拉

🕐 20分钟　⭐ 简单　👤 2人份

藜麦的营养价值高，而且能量低，烹饪时间短，比较常见的做法就是跟蔬果搭配做成沙拉，做法很简单，而且营养、低脂，作为健身餐是不错的选择。

材料

藜麦30克　　　芒果1个　　　盐适量
虾仁10个　　　圣女果5个　　黑胡椒适量
牛油果1/2个　 沙拉菜适量　　橄榄油适量

做法

1 藜麦加水煮至透明。

2 虾仁用开水煮熟。

3 芒果切条。

4 牛油果对半切开，再切片。

5 圣女果对半切开，沙拉菜洗净。

6 用沙拉菜做底，放入藜麦、芒果、牛油果、虾仁和圣女果，加入盐、黑胡椒和橄榄油，拌匀即可。

小贴士

这款沙拉口味非常清爽，藜麦是非常适合减脂的粗粮主食，牛油果富含健康脂肪，如果想要更低糖，可以不放芒果。

金枪鱼鸡蛋盅

金枪鱼鸡蛋盅

🕐 15分钟　⭐ 简单　👤 1人份

虽然鸡蛋和金枪鱼吃起来都没什么味道，却富含蛋白质和优质脂肪，经过简单处理，一口一个，默默给你满分的能量支援。

材料

罐头金枪鱼100克　　盐适量
鸡蛋6个　　　　　　黑胡椒适量
蛋黄酱1大勺　　　　苏打饼干适量

做法

1 将鸡蛋煮熟。

2 在冷水中去壳，对半切开。

3 将蛋黄和蛋白分开放。

4 将蛋黄、金枪鱼和蛋黄酱混合，搅拌成泥，用适量盐和黑胡椒调味。

5 再将金枪鱼蛋黄重新填回鸡蛋白中，搭配苏打饼干食用即可。

小贴士

1. 金枪鱼又叫吞拿鱼，是一种高蛋白、低脂肪的鱼类，营养价值很高，有益于心脑血管健康，不论老人或小孩都很适合食用。如果没有金枪鱼也可以用别的鱼肉代替。

2. 不爱吃蛋黄的人可以试试这道菜，将蛋黄、金枪鱼还有沙拉酱拌在一起，完全尝不出蛋黄的腥味，味道特别棒。

芝士燕麦
虾仁烘蛋

芝士燕麦虾仁烘蛋

⏱ 15分钟 ⭐ 简单 👤 1人份

蛋黄的黄和芝士的黄，你喜欢哪一个？反正我选择在蛋黄上面再加上芝士，双黄合一"唱双簧"，真热闹。

材料

燕麦100克　　　　鸡蛋3个
玉米粒5克　　　　黑胡椒适量
虾仁50克　　　　芝士碎适量
青豆5克

做法

1 燕麦加入适量水，放入微波炉中加热至浓稠。放入青豆、玉米粒、2个鸡蛋、少量黑胡椒，拌匀，做成烘蛋饼底。

2 平底锅烧热，放少量油，将燕麦鸡蛋糊放入平底锅中翻炒并压平。

3 放入虾仁，中间打入1个鸡蛋。

4 盖上锅盖，小火烘到鸡蛋和虾仁变色。

5 撒上芝士碎，用喷枪烤化即可。

小贴士

最后一步没有喷枪的话，也可以放入烤箱或微波炉加热，使芝士化开。

变色煎蛋

变色煎蛋

🕐 15分钟　⭐ 简单　👤 1人份

材料

紫甘蓝3片　　　鸡蛋2个　　　柠檬1个

如果说岁月冲淡了最初的纯粹，但一定带不走记忆中最熟悉的味道。阳光明媚的午后，半倚在大理石台边，磕破鸡蛋，看着蛋清晃动，混入一抹浓重的紫，回忆也许就在这一搅一晃中，逐渐晕染开来。

做法

1 将紫甘蓝切成丝，用搅拌机打碎。

2 将2个鸡蛋的蛋黄和蛋清分别分开。

3 用纱布包住紫甘蓝丝。

4 往蛋清里挤入紫甘蓝汁，搅拌开。

5 再往其中1个蛋清里挤入柠檬汁，搅拌均匀。

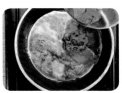

6 锅中放油，将2个蛋清依次倒入平底锅。

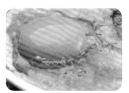

7 放上蛋黄，盖上锅盖，小火将鸡蛋煎熟。

小贴士

可以在鸡蛋里加一些盐调味。这款变色煎蛋制作起来相当有趣，只是简单的化学原理罢了。

创意烘蛋

创意烘蛋

有段时间体重"爆表",决定调整生活状态,每天花10分钟吃一份早餐,然后我就创作了这个快手食谱。创意来源于大阪烧,中间加入鸡蛋和香肠,酱料可以根据自己的喜好来定。

土豆火腿烘蛋

🕐 15分钟　⭐ 简单　👤 2人份

材料

土豆1个　　　　　盐适量
火腿1小块　　　　香油少许
鸡蛋1个

做法

1 土豆去皮、刨成丝,火腿切丝,和土豆丝混合。

2 加入盐和香油调味,搅拌均匀。

3 锅中放少许油,放入土豆和火腿丝稍微翻炒后摊平,中间挖个小洞。

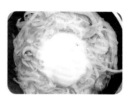

4 打入鸡蛋,盖上锅盖,将鸡蛋小火烘熟。

圆白菜烘蛋

🕐 15分钟　⭐ 简单　👤 2人份

材料

圆白菜1/2个　　　鸡蛋1个
面粉20克　　　　盐适量
水适量

做法

1 圆白菜切丝,加入面粉、盐和水,拌匀。

2 锅中放少许油,加入圆白菜丝稍微翻炒后摊平。

3 中间挖一个小洞,打入鸡蛋,盖上锅盖,小火将鸡蛋烘熟。

小贴士

1. 土豆刨成丝之后不需要泡水,要保留其中的淀粉。圆白菜丝里还可以加一些紫甘蓝丝,会更加好看。

2. 烘鸡蛋时注意要小火,否则可能会烧煳。

时蔬豆浆汤

无糖低脂

时蔬豆浆汤

🕐 30分钟　⭐ 简单　👤 2人份

五月不减肥，六月徒伤悲，七月徒伤悲……然而肉还是顽固地紧紧拥抱我。相信减肥路上我不是一个人。给大家推荐一道无糖低脂的时蔬豆浆汤，全是素，能量低，瘦身姐妹必备。

材料

干黄豆100克	香菇4朵	手指胡萝卜2根	黑胡椒适量
水1000毫升	蘑菇4朵	西蓝花若干	橄榄油适量
玉米1/2根	芦笋4根	盐适量	

做法

1 干黄豆用水泡发。

2 将黄豆放入料理机，加水搅拌成豆浆。

3 将搅拌好的豆浆过滤。

4 倒入锅中煮沸，备用。

5 热锅、倒油，放入切块的手指胡萝卜煸炒，然后放入切片的蘑菇和香菇，炒至微黄。

6 倒入豆浆。

7 稍煮后加入剥好的玉米粒、切片的芦笋和掰成朵的西蓝花，煮沸。

8 再煮3分钟后加盐、黑胡椒调味，即可出锅。

小贴士

1. 不喜欢纯豆浆的豆腥味，也可以将一部分水用牛奶替换，倒入料理机中搅拌均匀。

2. 夏季气温较高，容易滋生细菌，黄豆如果要提前一晚浸泡过夜的话，一定要放入冰箱中。

无糖抹茶燕麦粥

无糖抹茶燕麦粥

🕐 15分钟　　⭐ 简单　　👤 1人份

材料

燕麦片1杯　　　抹茶粉适量　　　蓝莓适量
牛奶3杯　　　　腰果适量　　　　椰蓉适量
香蕉1根　　　　牛油果适量

"我现在想要吃甜，又不想太甜腻，想要温暖的、柔软的、贴心的……"
"那明早做抹茶燕麦粥吃吧。"
"好啊，明天一起早起啊。"
身边有个吃素的人，自己的嘴巴也跟着清淡、健康起来。抹茶燕麦粥尝试过一次，就被当作了餐桌上固定的早餐了。喜欢抹茶粉的清香，喜欢浓稠的、软软的、有颗粒感的感觉，还可以依照自己的心情或冰箱的存货，加入喜欢的水果或谷物，想想都觉得真是满心欢喜。

做法

1 锅中放入燕麦片。

2 倒入牛奶，小火加热。

3 加入捣碎的香蕉泥，搅匀。

4 加入适量抹茶粉。

5 不停搅拌。

6 将燕麦煮至黏稠，盛入碗中。

7 用坚果和水果作装饰，再撒一点儿椰蓉即可。

小贴士

1. 燕麦非常容易吸水，牛奶的量不能太少，至少要3倍燕麦的量。

2. 牛奶煮开后非常容易溢出来，需要注意。

3. 香蕉尽量挑选成熟、软一点儿的，会比较甜。

鸡蛋玉米豆腐羹

🕐 10分钟   ⭐ 简单   👤 1人份

清新而又简单的早餐食谱，尝试在鸡蛋豆腐羹里增添一点儿绿色和淡淡的咸味。

材料

鸡蛋2个
内酯豆腐1块
生抽1大勺
盐少许

白胡椒粉少许
西蓝花9朵
玉米粒1把

小贴士

食材分量不同，微波炉功率不同，时间长短也不一样，只要将全部鸡蛋液加热到凝固就可以了，一般为3~8分钟。

做法

1 将鸡蛋打散，加入盐和白胡椒粉，搅匀。

2 将内酯豆腐放入碗中，加入生抽，捣碎。

3 将鸡蛋液倒入豆腐里。

4 放入掰成朵的西蓝花和玉米粒，入微波炉，高火加热至鸡蛋全部凝固即可。

鸡蛋玉米豆腐羹

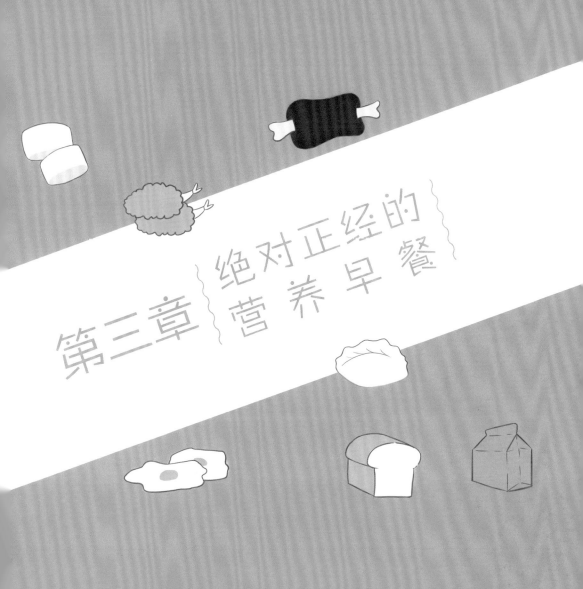

第三章　绝对正经的营养早餐

荞麦懒龙

🕐 45分钟　⭐ 简单　👤 3人份

材料

荞麦面粉150克	猪肉馅200克	白糖适量
高筋面粉150克	酱油15毫升	白胡椒适量
水160毫升	料酒15毫升	盐适量
酵母4克	香油15毫升	葱花适量

懒龙,是用发面蒸的一条长卷,把发面擀薄成长片,放上和好的肉馅,然后卷成长条,盘于笼屉中,蒸熟后切开,分而食之。四川方言中,懒龙指的是很懒的男人。为什么要吃懒龙?惊蛰过后,大家要为新的一年奔波了,吃了懒龙,可以解除春懒。

小贴士

1. 如果没有荞麦面粉,直接用面粉代替就可以了。

2. 因为面团没有味道,所以猪肉馅建议调得稍微咸一点儿,还可以根据喜好,加入香菇等其他食材。

做法

1 将荞麦面粉、高筋面粉、酵母和水混合，揉成面团。

2 盖上保鲜膜，放在温暖处发酵1小时。

3 将猪肉馅和其他所有调料混合，搅拌均匀，备用。

4 将发酵好的面团擀成薄片。

5 均匀地铺上猪肉馅。

6 从一边向另一边卷起来。

7 冷水上蒸锅，大火蒸25分钟左右。

8 蒸好后切成段即可。

荞麦懒龙

无敌旋风油条

⏱ 60分钟　⭐ 困难　👤 3人份

材料

面粉500克
盐4克
泡打粉10克
牛奶10毫升

油50毫升
鸡蛋1个
水250毫升

原来做油条这么麻烦，楼下早餐店卖一块钱一根，真是太有良心了！

做法

1 将除油外的所有材料放入大碗中，揉成面团，醒半个小时后继续揉成光滑的面团。

2 将面团整成长条形，抹适量油，用保鲜膜包裹，放入冰箱冷藏8小时。

无敌旋风油条

3 取出后切成一条一条的面片。

4 将两个面片叠在一起，用竹扦在中间压出压痕。

5 两端捏紧，拧成麻花状。

6 放入200℃的油中炸制，用筷子反复拨弄油条，炸至金黄色后捞出控油即可。

小贴士

1. 揉好的面团可以冷藏过夜，第二天要尽快用掉，不然面团里的泡打粉放太久就会失效。

2. 如果想炸竖直的普通油条，就不需要旋转面片，而是捏住面团两边向下一抖，抻长一点儿，直接放进油锅就可以了。

期末考试周，特意做一个麦满分，给要考试的你们加油打气。不满分，也至少60分嘛。

猪柳蛋麦满分

🕐 60分钟　⭐ 中等　👤 3人份

材料

高筋面粉200克	牛奶120毫升	黄油20克	里脊肉500克
低筋面粉20克	水40毫升	玉米面粉适量	料酒10毫升
奶粉10克	干酵母2.5克	芝士片8片	酱料20毫升
白砂糖15克	盐3克	鸡蛋8个	黑胡椒适量

做法

1 将高筋面粉、低筋面粉、奶粉、白砂糖、牛奶、水和干酵母放入揉面盆中，揉成面团，发酵至2倍大。

2 加入黄油和盐揉搓光滑，分成8等份，揉圆后喷湿，裹上玉米面粉。

3 将烘焙纸折成直径略小于芝士片边长的圆环，用订书机订起来。烤盘上铺烘焙纸，放上圆环，放入面团。

4 烤箱180℃预热，烤15分钟后脱模，对半切开，涂上黄油，放入煎锅中煎香。

5 里脊肉加入料酒做成肉饼，和鸡蛋分别煎熟，夹进面饼里，加入芝士片，涂抹酱料，撒黑胡椒即可。

小贴士

1. 猪柳饼可以买现成的，也可以自己做，酱料可以用自己喜欢的。
2. 烤面团时可以在面团上压一个模具，这样烤出的面团上下都是平的。

1秒到达墨西哥

墨西哥
猪肉丸派

⏱ 50分钟　⭐ 中等　👤 1人份

材料

豆浆40毫升	青柠檬1/2个
低筋面粉160克	黑胡椒适量
油45毫升	盐适量
盐3克	白砂糖适量
番茄1个	玉米粒少许
洋葱1/4个	猪肉丸3个
香菜1撮	酸奶少许
青椒1个	莎莎酱适量

超市的猪肉丸晚上过了9点会打折，路过总是忍不住买一袋。水煮太无趣，油炸又怕胖，干脆捏个派皮做成猪肉丸派，配上清爽的莎莎酱，吃再多也不会腻。

做法

1 低筋面粉过筛，加油，搓成颗粒。豆浆和盐混合后加入面粉中，揉成面团。用保鲜膜包好，冷藏1小时。

2 番茄、洋葱、香菜和青椒切小丁，放入碗中。

3 在蔬菜丁中挤入青柠汁，撒盐、白砂糖和黑胡椒调味。

4 将冷藏过的面团擀成2毫米厚的派皮，放入蔬菜丁、猪肉丸和玉米粒，裹起来。

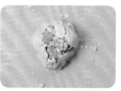

5 放入170℃预热的烤箱中烤35分钟，取出配酸奶和莎莎酱食用即可。

小贴士

可以将1/3莎莎酱用搅拌机打匀，用猪肉丸派蘸着吃。

又甜又黏又软

血糯米芝士三明治

🕐 20分钟　⭐ 简单　👤 2人份

材料

血糯米饭1碗　　奶粉50克
蜂蜜适量　　　糖粉20克
奶油芝士80克　吐司6片

我爱吃三明治，芝士味特别重的那种！现在紫米芝士包很火，这次烧饭时改良成了三明治，甜蜜到心坎里了。

做法

1 将蜂蜜和血糯米饭混合。

2 奶油芝士与奶粉、糖粉混合，搅打至顺滑。

3 取3片吐司，一层抹上血糯米饭。

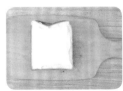

4 另一层抹奶油芝士，3片吐司夹好即可。再依此法制作好另一个三明治。

小贴士

1. 血糯米就是黑糯米，本身就带一点儿甜味，喜欢吃甜的可以加蜂蜜。食谱里的奶粉也是用的含糖的，如果不爱吃太甜，可以不加糖粉。

2. 如果没有奶油芝士，或者想做更低脂的版本，可以用浓稠的酸奶代替。

芝士包

芝士包

🕐 45分钟　⭐ 困难　👤 2人份

材料

高筋面粉300克　　　酵母3克　　　　　　奶粉70克
牛奶190毫升　　　　盐1克　　　　　　　糖粉10克
白砂糖60克　　　　　鸡蛋1个
黄油30克　　　　　　奶油芝士100克

做法

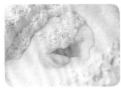

1 高筋面粉中加入170毫升牛奶、30克白砂糖、鸡蛋和酵母，揉成面团。

2 加入盐和黄油，揉出手套膜。

3 室温放置，面团发酵至2倍大。

4 将发酵好的面团排气并揉圆。

5 送入烤箱，180℃烤25分钟。

6 出炉后切成4份。

7 每份中间横切两刀。

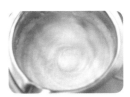

8 将奶油芝士、20克奶粉、剩余的牛奶和白砂糖隔水加热，搅拌均匀。

9 涂抹到芝士包的缝隙中。

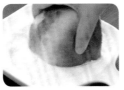

10 剩余的奶粉和糖粉混合，用芝士包蘸着食用即可。

小贴士

1. 揉面采用摔揉的方式会更容易出手套膜，一定要注意面团的干湿程度，粘在手上掉不下来就可以了。

2. 奶粉、白砂糖和牛奶混合均匀无结块之后，再与奶油芝士一起隔水加热，会更顺滑。

旅行青蛙出门必备的南瓜贝果，旅行便当已做好，记得邮明信片给老母亲哦！

網红青蛙的神奇食物

南瓜贝果

🕐 70分钟　⭐ 困难　👤 2人份

南瓜贝果

材料

高筋面粉250克
水1150毫升
盐4克

白砂糖58克
黄油8克
酵母2克

南瓜1/4个
青豆少许
咸蛋黄1个

黑胡椒少许
生菜适量

做法

1 将高筋面粉、150毫升水、酵母和8克白砂糖放入厨师机中。

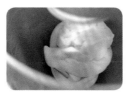

2 揉至面团出厚膜，放入黄油和盐，揉至扩展阶段。

3 面团松弛20分钟，分成5等份，揉圆后再松弛20分钟。

4 将面团擀成长23厘米左右的长棍形。

5 将一头按扁并擀薄，放入另一头，捏紧收口，做成贝果坯。

6 放在烘焙纸上，发酵70～80分钟。

7 锅中放1000毫升水、50克白砂糖，加热至锅底冒小泡、水面冒烟后放入贝果坯，煮30秒后翻面，再煮30秒，捞出放在厨房纸上沥干浮水。

8 烤箱上火210℃、下火190℃，放入贝果坯烤15分钟。

9 南瓜去皮、切丁，放入微波炉中做熟，取2/3南瓜压成泥。

10 锅中热油，将咸蛋黄炒香，放入南瓜泥翻炒均匀，放入青豆和南瓜丁，撒黑胡椒调味。将南瓜馅和生菜夹在2个烤好的贝果中间即可。

小贴士

贝果整形时口一定要捏紧，不然在发酵或者烤制的过程中会裂开。

111

意式千层面

芝士加到手软

意式千层面

⏱ 60分钟　⭐ 简单　👤 2人份

千层面是意大利人民非常喜爱的一种食物，就像饺子之于北方人那样不可或缺。肉酱是千层面的"灵魂"，要花很长时间去熬制，加了牛奶和黄油的白酱让它的口感更加柔和而复杂，加上芝士片，意式风味就更加淋漓尽致。

材料

肉酱
番茄2个
洋葱1/2个
肉馅250克

意面酱300克
盐适量
黑胡椒适量

白酱
面粉10克
黄油5克
其他
千层面皮若干

热牛奶200毫升
盐适量

芝士片适量

做法

1 制作肉酱：洋葱切片。锅中热油，下洋葱片煸炒片刻，加入肉馅翻炒至变色。

2 番茄切丁后放入锅中，倒入意面酱，煮至番茄变软，用盐和黑胡椒调味，收干汤汁。

3 制作白酱：黄油入锅化开，倒入面粉，翻炒成小颗粒，加入热牛奶。

4 小火熬煮并搅拌到稍微浓稠后离火，加少许盐调味。

5 千层面皮按照包装上的说明煮熟后过凉，备用。

6 在烤碗底部铺一层肉酱。

7 铺上面皮。

8 铺上芝士片和白酱。

9 按这个顺序重复，直至铺满整个碗，最上面铺一层肉酱，盖上芝士片。

10 放入220℃预热的烤箱烘烤30分钟左右。

小贴士

1. 如果想减少能量摄入，可以只铺最上一层芝士片，省去中间夹的芝士片。做肉酱时少放油，用全瘦肉馅，这样做出来的千层面不容易让人长胖。

2. 千层面放入沸水后通常煮5~7分钟，或以包装上的说明为准。在煮面的水里可以放一勺盐，煮好之后泡入凉水待用。

3. 意面酱是一种以番茄为原料的调味酱，不同于番茄酱，可以在超市买到。

牛油果意面+
菠菜鸡胸饼

牛油果意面+
菠菜鸡胸饼

牛油果单吃很难吃，拌上各种调料就有了不一样的风味；鸡胸肉单吃很柴，加上洋葱搅成泥反而变嫩了。食物的魅力不就来自于它的无穷可能性吗？

牛油果意面

⏱ 25分钟　⭐ 中等
🧍 2人份

材料

牛油果2个
意大利面200克
蒜3瓣
油15毫升
柠檬汁20毫升
盐适量
芝士粉适量
罗勒叶适量
白胡椒粉适量

做法

1 蒜切片，放入锅中，用油煎香，撒盐，备用。

2 意大利面煮熟，备用。

3 牛油果对半切开，去核后在果肉上划几刀，用勺子沿着果皮把果肉挖出来，放入容器中，淋上煎过蒜的油和柠檬汁，撒盐和白胡椒粉。

4 将牛油果肉用微波炉高火加热1分钟后取出，撒盐、芝士粉和切碎的罗勒叶。

5 将煮好的意大利面放在大盘子里，放入蒜油，倒入牛油果拌匀，撒上蒜片和白胡椒粉，用罗勒叶装饰即可。

菠菜鸡胸饼

⏱ 20分钟　⭐ 简单　🧍 2人份

材料

鸡胸肉350克　　淀粉15克
白洋葱1/6个　　盐3克
培根2片　　　　黑胡椒粉3克
菠菜1把　　　　水50毫升
鸡蛋35克　　　　橄榄油少许

小贴士

鸡胸饼如果做得厚，可以多煎一会儿，用筷子戳进肉饼内部，流出来透明汤汁，就说明做熟了。

做法

1 培根、白洋葱剁碎，鸡胸肉切小块，放入搅拌机打成肉馅。

2 锅中放水，加少许橄榄油和盐，放入菠菜烫至变色，捞出后放入冰水中浸泡片刻，保持绿色。

3 鸡肉馅中放入鸡蛋、淀粉、盐、黑胡椒粉和水，搅拌均匀。

4 平底锅放油，把鸡肉馅捏成饼，放入锅中煎1分钟，翻面再煎1分钟后盛出。

正是这个味道

川香超麻甜辣凉面

🕐 25分钟　⭐ 简单　👤 2人份

材料

面条250克　　　　　蒜末适量
香油适量　　　　　　葱末适量
花椒1小把　　　　　水5毫升
食用油40毫升　　　　酱油25毫升
辣椒面少许　　　　　红糖13克

相信很多人在夏天都会觉得胃口不好，不想吃饭，不如来一盘清爽开胃的凉面吧！甜辣又麻，吃完一盘又想来一盘，就是吃完后嘴里会有股蒜味比较讨厌。这时候就需要一个妙招啦，吃完蒜后，可以通过食用牛奶、花生等富含蛋白质的食物去除蒜味。

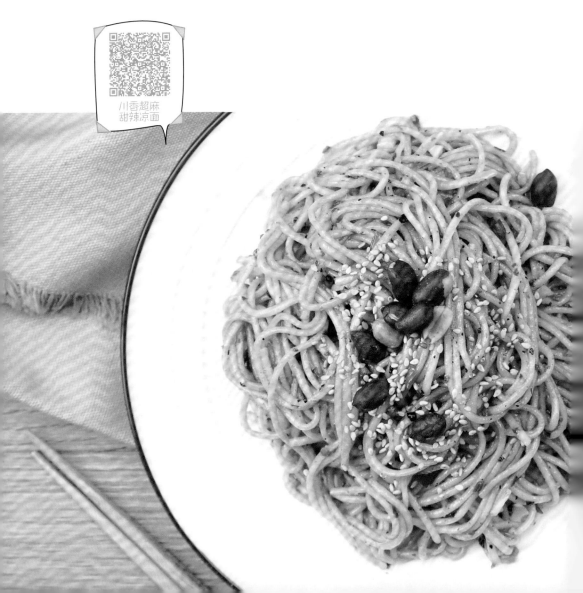

川香超麻
甜辣凉面

做法

1 将煮好的面条加入香油拌匀。

2 放在电风扇下吹凉、抖散，可放冰箱冷藏备用。

3 制作糖酱油：平底锅中倒入水、酱油和红糖，加热一两分钟，至红糖化开并沸腾，水分蒸发一点儿，离火。

4 另起平底锅，倒入食用油，放花椒炸，闻到明显花椒香味后捞出。

5 将捞出的花椒用刀切碎。

6 制作辣椒葱蒜：将锅里剩余的油烧到冒烟，浇在葱末、蒜末和辣椒面上。

7 将准备好的糖酱油、辣椒葱蒜和花椒碎放入面条，拌匀即可。

小贴士

1. 糖酱油的做法类似于四川的复制酱油，是咸甜口味的。复制酱油堪称川菜"灵魂"，很多有名的川菜都会用到，制作时还要用到八角等多种调料。这里介绍的是较为简单的一种，水、酱油、红糖按照2：10：5的比例熬煮片刻就可以了。一次性多做些，以后做凉拌菜也可以用。

2. 如果不是特别能吃辣，辣椒面千万要少放。

难以拒绝

葱油拌面

🕐 30分钟　⭐ 简单　👤 1人份

材料

食用油50毫升　　白砂糖15克
生抽30毫升　　　葱70克
老抽30毫升　　　面条1人份

葱油拌面看似简单又普通，却是上海人最难舍弃的味道。一碗好的葱油拌面，对于老上海人来讲，就算是边上再多一道大菜，也不会再多看一眼。虽然简单，但是能把它做好的人并不多，葱要新鲜，油温要合适，太高会焦，太低葱的香味出不来，待葱炸至金黄，立即转小火，倒入酱汁熬制。吃的时候浇于面上，多余的则可以用密封瓶保存。

做法

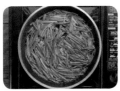

1 取葱叶，切段后放入油中，小火慢熬二三十分钟。

2 保持小火，葱叶会完全变成黄色。

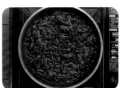

3 将生抽、老抽和白砂糖倒入锅中，沸腾后1分钟即可离火。

4 面条煮熟后放入碗中，浇上几勺葱油。剩余的葱油放凉后，密封保存起来。

小贴士

1. 熬葱油时还可以加入红葱头、香叶和八角，给葱油增香。
2. 葱油放凉后密封放入冰箱冷藏，可以保存一周。不光可以拌面，还可以做葱油鸡或给一些凉拌菜调味，需要用时随用随取，做早餐就更方便快捷了。

绿意盎然

牛油果晨间
松饼套餐

🕐 15分钟　⭐ 简单　👤 1~2人份

材料

牛油果1个　　　　低筋面粉40克
鸡蛋1个　　　　　即食燕麦40克
牛奶75毫升　　　　泡打粉3克

牛油果和燕麦做松饼，真是绝佳的
健身减脂美食，喜欢牛油果的人一
定会喜欢！

做法

1　将所有材料放入料理机中，搅拌成糊。

2　不粘锅上刷薄薄一层油。

3　舀一勺松饼糊，放入锅中。

4　小火煎成形后翻面。

5　将两面煎至微黄，即可盛出。

小贴士

吃的时候可以配上酸奶和水果，如果喜
欢吃更甜的，可以在松饼糊里加蜂蜜，
或者最后淋上去。不喜欢吃牛油果，可
以用香蕉代替，或者做成抹茶味的。

大阪烧是日本人民很喜欢的小吃，用筷子卷起来的大阪烧筷子卷在街头更是常见，虽然看起来多此一举，但是却给这道菜增加了不少趣味和颜值，值得一试。

大阪烧筷子卷

🕐 25分钟　⭐ 中等　👤 2人份

材料

鸡蛋1个
面粉140克
面包糠20克

水200毫升
盐少许
圆白菜1小把

海苔3片
鹌鹑蛋3个
大阪烧酱适量

沙拉酱适量
香松适量

做法

1 将鸡蛋、面粉、面包糠、水和盐混合成面糊。

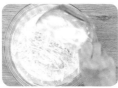

2 加入切成丝的圆白菜，搅匀。

3 不粘锅里刷薄油，舀入1勺面糊，摊成椭圆形，小火煎成形后翻面，两面煎熟后盛出。

4 盖上一片海苔。

5 用筷子夹住一头卷起。

6 刷上大阪烧酱。

7 挤沙拉酱。

8 放香松。

9 最后盖上一个煎熟的鹌鹑蛋。

小贴士

1. 因为要刷大阪烧酱，所以盐可以少放一点儿。

2. 煎好的圆白菜饼也可以直接吃，最后刷的酱可以用其他自己喜欢的酱料代替。

3. 如果没有面包糠，可以用10克面粉代替。

玉子烧炒饭

剩饭的好去处

玉子烧炒饭

⏱ 18分钟　⭐ 简单　👤 1人份

冰箱里经常有剩饭，尤其是对于单身一族来说，天天炒剩饭，会让人感到无奈。所以，有时候你可以试着做一盘玉子烧炒饭，与无奈的炒饭斗智斗勇。

材料

米饭1人份　　　　红椒1/2个　　　　虾仁50克　　　　黑胡椒适量
鸡蛋3个　　　　　黄椒1/2个　　　　盐适量

做法

1 将虾仁下锅炒香。

2 加入切片的红椒和黄椒，炒熟。

3 倒入米饭，翻炒均匀，加盐和黑胡椒调味。

4 将做好的炒饭取一部分放在保鲜膜上，卷成筒状，长度大约为玉子烧锅的宽度。

5 将鸡蛋打散，加入盐，玉子烧锅涂少许油，倒入一半的蛋液。

6 快要凝固时放入米饭卷。

7 小心地用鸡蛋包裹米饭卷，像做玉子烧一样。

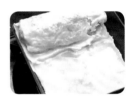
8 卷起后加入剩余蛋液，继续卷。

9 将玉子烧切段，放在炒饭上。

小贴士

可以按照自己的喜好调整炒饭的口味，注意米饭要卷紧，长度和玉子烧锅的宽度一样就好了。

番茄海鲜芝士焗饭

🕐 50分钟　⭐ 简单　👤 2人份

海鲜焗饭是时尚人群非常喜欢的一种主食，它的亮点可能不在于海鲜，也不在于饭，而是在于"焗"。跟中老年人沉迷于焗油一样，年轻人，特别是年轻的女人特别喜欢焗饭。很多人不理解，为什么加点儿能拉丝的芝士就能让女生如此兴奋与开胃呢？

材料

番茄2个　　　　　　生抽25毫升
洋葱1个　　　　　　盐适量
黄灯笼椒1个　　　　黑胡椒适量
虾仁250克　　　　　马苏里拉芝士适量
鱿鱼须300克　　　　米饭适量

小贴士

1. 番茄会出很多水，所以炒菜时不用加水。离火前汁水不用收得过干，留一点儿汤汁浇在米饭上，会让米饭更入味。
2. 如果没有烤箱，微波炉也可，不过烤箱的效果会更好。

番茄海鲜
芝士焗饭

做法

1 鱿鱼须焯水、备用。

2 洋葱切丝，下锅爆香。

3 加入焯过水的虾仁，翻炒至虾仁变色。

4 放入切块的番茄，加盐、黑胡椒和生抽调味。

5 这时番茄会出水，等水快要收干时加入切条的黄灯笼椒，翻炒片刻后离火。

6 将炒好的菜盖在米饭上。

7 铺上马苏里拉芝士，放入200℃预热的烤箱中烘烤20分钟左右，芝士化开即可。

椰蓉牛乳花卷

全新尝试

椰蓉牛乳花卷

⏱ 60分钟　⭐ 中等　👤 3人份

为什么人们都喜欢做椰蓉面包，但很少有椰蓉馒头、椰蓉花卷呢？理论上是可以实现的，所以爱吃椰蓉面包的我决定尝试一次，这次要吃个痛快。

材料

面团

面粉200克　　　　　酵母3克
牛奶115毫升　　　　白砂糖15克

椰蓉馅

椰蓉70克　　　　　白砂糖40克
蛋黄2个　　　　　　黄油10克

做法

1 将面团材料全部混合，搅拌均匀后揉成面团。

2 盖上保鲜膜，放在温暖处发酵60分钟左右，至面团发至2倍大。

3 将椰蓉馅材料全部混合，备用。

4 将发酵好的面团擀成薄薄的一大片。

5 铺上椰蓉馅。

6 将面皮上下两边向中间叠起来。

7 再向中间对折 次。

8 将折好的面皮切成小段。

9 取两段面皮，上下叠在一起。

10 用筷子从中间压一下。

11 将面团捏起来，向下弯折。

12 将做好的花卷放在室温下30分钟，二次发酵。然后开水上锅蒸10分钟，关火后再闷5分钟即可。

小贴士

1. 揉面团时，牛奶可以适当增减，一点点加入。建议将面团揉得软一点儿，做出来的花卷会香软可口。

2. 椰蓉馅做好之后可以冷藏保存，还可以用来做面包、包子、馅饼、月饼等。

难忘校门口小摊上的梅干菜肉饼，好吃是
好吃，但总是舍不得放料，每次吃完都
觉得不够满足。自己做就可以随便放啦，
想吃多少就吃多少，还可以把皮擀得扁扁
的，吃起来又薄又脆。

梅干菜肉饼

⏱ 30分钟　⭐ 中等　👤 2人份

梅干菜肉饼

材料

面粉250克
温水160毫升
半肥猪肉150克
梅干菜30克

白砂糖1勺
芝麻油1勺
料酒1勺
盐适量

黑胡椒适量
生抽适量
黑芝麻少许

做法

1 面粉加温水，揉成略湿润的面团，醒发半小时。

2 梅干菜洗净后浸泡。

3 猪肉用绞肉机搅碎。

4 混合梅干菜和猪肉馅，加入白砂糖、生抽、芝麻油、料酒、盐和黑胡椒，搅拌均匀。

5 将醒好的面分成每份30克左右的面剂子。

6 将面剂子压扁。

7 包入梅干菜猪肉馅。

8 牢牢封口。

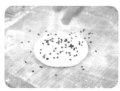

9 将包好的面剂子放在案板上压扁，撒上黑芝麻。

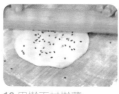

10 用擀面杖擀薄。

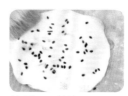

11 刷一层薄油。

12 将面饼有芝麻的一面朝下，放入平底锅中。

13 小火慢慢煎黄后翻面，煎至两面变黄即可。

小贴士

1. 刷油只刷有芝麻的那一面就行了，煎的时候先煎这面，翻面的时候锅中还会留有余油。

2. 猪肉选用肥多瘦少的部位，吃起来更香。

猫师傅祖传青团

猫师傅祖传青团

🕐 60分钟　⭐ 中等　👤 3人份

材料

青团皮
艾叶100克	粘米粉55克
糯米粉180克	水110毫升

芝士肉松馅
肉松100克	芝士条3条	沙拉酱适量

腊肠糯米饭馅
糯米100克	海米10个	酱油5毫升
香菇3朵	虾仁10个	盐少许
腊肠1根	香油少许	黑胡椒适量

不知何时起，所有食物都跟网红扯上了关系。传统食物打上潮流的标签，似乎又能唤醒人们内心深处沉睡的味觉记忆。这两年青团顺势火了起来，其实如果不是为了跟风在社交网络晒个图，大多数人都不会多看它一眼吧。不过话说回来，这东西如果塞点儿不一样的食材进去，口感还真能颠覆传统。在清明假日之际，如果有空做几个给家人，让他们感受一下老吃食的新口味，也算是其乐融融。

做法

1 将香菇和腊肠切成小粒，将腊肠糯米饭馅的材料全部放入电饭锅，焖熟后拌匀。

2 将艾叶洗净、焯水。

3 沥干后放入搅拌机，加水打成泥。

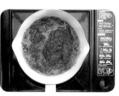

4 将艾叶泥回锅重新烧开，放凉待用。

5 将糯米粉和粘米粉混合，加入艾叶泥。

6 揉成均匀的青团皮。

7 将青团皮取下一块，擀薄后包入腊肠糯米饭馅料，做好一个青团。

8 将肉松和沙拉酱混合。

9 和芝士条一起包入青团皮中，团成青团。

10 将包好的青团放入蒸锅，蒸10～15分钟，趁热食用。

小贴士

青团趁热吃最好，做得比较多可以用保鲜膜包起来保存，吃的时候可以用微波炉加热。

亮瞎眼又饱口福

土豪寿司塔

🕑 25分钟　⭐ 简单　🧍 3人份

材料

三文鱼刺身1块　　　厚蛋烧1块
鲷鱼刺身1块　　　　米饭适量
牛油果1个　　　　　寿司醋少许
鸡胸肉1块　　　　　芥末适量
可选材料
柠檬汁适量　　　　　寿司酱油适量

做法

1 在米饭中加入寿司
醋，拌匀。

2 刺身切成大块。

土豪寿司塔

日本料理店越来越多，但越来越吃不起了，大几
百块下去还没吃饱，不如在家大快朵颐。选择自
己喜欢的刺身、蔬菜、厚蛋烧之类，用模具巧妙
塑形，可以做出超炫酷的寿司塔哦！也可以尝试
柱状或球状西餐摆盘法，食物在你手中，看你怎
么玩到满足！

3 牛油果切大块后泡柠檬水。

4 厚蛋烧切成大块。

5 鸡胸肉煮熟后切成方块。

6 将模具倒置，依次铺入鸡胸肉块、鲷鱼块、牛油果块、三文鱼块，然后填入米饭。

7 反扣模具，脱模。

8 最上面放上厚蛋烧块。

9 挤上芥末，也可搭配柠檬汁或寿司酱油食用。

小贴士

1. 厚蛋烧就是玉子烧，是将鸡蛋液放入煎锅煎熟，然后卷起来做成的，类似鸡蛋卷。

2. 牛油果比较容易氧化，所以切块之后最好用柠檬水泡一下。

3. 鸡胸肉可以在切块后拌一些盐和黑胡椒调味。

4. 刺身的选择可根据自己喜好，切块时尽量切得均匀、周正些。

5. 模具是三角形倒立的量杯，也可以用自己有的其他模具。

法风苹果
隐形蛋糕

法风苹果隐形蛋糕

⏱ 60分钟　⭐ 中等　👤 1人份

对于生命中的一切美食，都请务必珍视。不管是吐司、曲奇、可颂、蛋挞、甜甜圈、巧克力、瑞士卷、拿破仑、焦糖布丁、提拉米苏、乳酪蛋糕、榴莲班戟，还是刚做好的法风苹果隐形蛋糕。

材料

苹果3个　　　黄油60克　　　香草荚1个
鸡蛋2个　　　牛奶100毫升　盐少许
白砂糖150克　水30毫升
鲜奶油100毫升　低筋面粉70克

做法

1 鸡蛋打匀。

2 加入50克白砂糖搅拌，加入20克黄油、牛奶、盐，取香草籽混合，搅拌均匀，筛入低筋面粉，搅拌顺滑备用。

3 苹果切薄片。

4 将混合面糊一层层地放入模具，盖上苹果片，放入烤箱，170℃烘烤45分钟，取出晾凉。

5 在锅中倒入100克砂糖，加水熬至焦糖色。

6 加入鲜奶油和40克黄油，搅匀后搭配食用。

小贴士

1. 面糊放入模具之前要在模具中铺一层烘焙纸，防止粘黏。

2. 熬制焦糖浆时如果用无盐黄油，就稍加一些盐调味；如果用有盐黄油则不用。

外焦里嫩的豆腐饼，佐以小火慢慢煎香的蒜末罗勒酱，一口咬下去能尝到酱汁裹着的豆腐和嫩鸡肉，可以说是非常满足了。

秘制罗勒鸡胸豆腐饼

⏱ 25分钟 ⭐ 简单 👤 3人份

秘制罗勒鸡胸豆腐饼

材料

鸡胸肉270克	淀粉20克	番茄沙司100克	盐适量
毛豆80克	姜末10克	蒜末10克	黑胡椒适量
老豆腐150克	盐适量	干罗勒20克	
酱油10毫升	白胡椒适量	橄榄油50毫升	

做法

1 制作酱汁：锅烧热，加入橄榄油，放入蒜末，中小火炒至蒜末变色。

2 将番茄沙司倒进锅内翻炒。

3 煮开后加入干罗勒翻炒出香味，转小火熬3分钟。

4 熬至酱更浓稠，加黑胡椒和盐调味。

5 制作鸡胸豆腐饼：另烧一锅开水，放入毛豆和盐，煮熟备用。

6 鸡胸肉切丁。

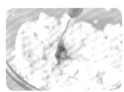
7 老豆腐压碎。

8 将鸡胸肉丁和老豆腐放入碗中，加酱油、淀粉、白胡椒、姜末，顺着一个方向搅拌起浆。

9 放入毛豆搅匀，做成小饼。

10 锅中放油，油温180℃时放入鸡胸豆腐饼。

11 煎至两面微黄，出锅后搭配酱汁即可。

小贴士

1. 鸡胸豆腐饼在煎的过程中容易碎，所以不要经常翻面，一面煎至金黄再小心翻面，煎另一面。
2. 将酱汁抹在鸡胸豆腐饼上会更好吃。

意式油浸圣女果
鸡胸口袋

口感丰富

意式油浸圣女果鸡胸口袋

🕐 120分钟　⭐ 简单　👤 1人份

材料

鸡胸肉2块　　　柠檬汁少许　　　盐适量　　　　蒜片10克
菠菜1把　　　　蜂蜜适量　　　　黑胡椒适量　　罗勒3克
芝士片2片　　　橄榄油适量　　　圣女果250克　百里香3克

鸡胸肉稍不留神就会做得干柴而索然无味。其实只要简单腌制，稍稍煎黄再入烤箱，塞入菠菜、芝士片以及橄榄油浸渍过的圣女果，口感立刻丰富起来，还是意式风味，减脂的人也可以尽情享用。

做法

1 圣女果洗净后擦干水分，对半切开。

2 放入烤箱，120℃烤90分钟，直至烤干。

3 锅中放入蒜片，倒橄榄油没过蒜片，并将蒜片煎香。

4 关火后放入罗勒、百里香、黑胡椒和盐。

5 将烤好的圣女果装入瓶中，倒入香料油密封。

6 将鸡胸肉从侧面剖开。

7 加入柠檬汁、蜂蜜、橄榄油、盐和黑胡椒，腌制1小时。

8 塞入菠菜叶、芝士片、油浸圣女果，用牙签固定两端。

9 锅里倒入橄榄油加热，放入鸡胸煎至两面金黄。

10 放进180℃预热的烤箱中烤制20分钟即可。

小贴士

如果没有烤箱，又想做经典的意式油浸圣女果，可以采用日晒的方法，将圣女果的水分晒干再进行操作。做出来的油浸圣女果放一整个冬天都没有问题，吃吐司、吃意面加一点儿都很不错。

超大份咖喱烤肉丸

🕐 60分钟　⭐ 简单　👤 4人份

你吃过自己手工制作的肉丸吗？这次推荐给大家的是百吃不厌的咖喱猪肉丸。

材料

肉丸

猪肉馅300克	牛奶90毫升	黄油20克
面包糠70克	淡奶油90毫升	盐适量
鸡蛋1个	洋葱半个	黑胡椒适量

咖喱

咖喱块2块	胡萝卜1个
洋葱半个	土豆1个

做法

1 制作肉丸：将黄油放入锅中化开，加入切碎的洋葱，小火炒成黄色后离火，倒入大碗里。

2 将肉丸部分剩余的材料全部放入大碗中。

小贴士

1. 没有烤箱也可以用平底锅煎熟肉丸，如果没有淡奶油，用70毫升牛奶代替即可，不过吃起来味道不会那样浓郁、厚重。

2. 炒洋葱的步骤不建议省去，黄油能将洋葱的香味充分煸炒出来，而且能去除洋葱的辛辣味，如果没有黄油，用其他油代替也可。

3 充分搅匀后冷藏腌制1小时。

4 将冷藏好的肉馅团成丸子，放在铺了烘焙纸的烤盘上。

5 将烤盘放入175℃预热的烤箱中烘烤30分钟左右。

6 制作咖喱：将洋葱切丝，用少许油爆香，加入切成丁的胡萝卜和土豆，翻炒1分钟。

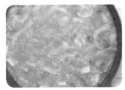

7 倒入适量水和咖喱块，煮至土豆稍稍变软。

8 加入做好的肉丸，汤汁没过一半肉丸。

9 小火焖煮约10分钟，汁水变浓稠即可出锅。

超大份
咖喱烤肉丸

三色蒸蛋

一口吃到三种味道

三色蒸蛋

⏱ 30分钟　★简单　👤3人份

材料

鸡蛋4个　　　咸鸭蛋2个　　　松花蛋1个

平平无奇的鸭蛋在经过了奇妙的化学反应之后，变成了黑得发亮和富得流油的松花蛋和咸蛋，可以说很神奇。将鸡蛋、松花蛋、咸蛋做一道菜，一次就可以吃到三种截然不同的味道。

做法

1 将鸡蛋的蛋清和蛋黄分离，分别装到两个不同的容器中。

2 用打蛋器将蛋清和蛋黄分别打散。

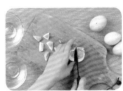

3 咸鸭蛋、松花蛋剥壳，切成小块备用。

4 取一个长方形容器，垫上锡纸。

5 把咸鸭蛋和松花蛋铺在容器内。

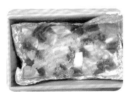

6 倒入蛋清。

7 置于烤盘上，在烤盘上倒水。

8 放入预热好的烤箱中，180℃烤15分钟。

9 再倒入蛋黄，继续烤5分钟，直到蛋液凝固。

10 烤好的三色蛋取出放凉，完全冷却后切块即可食用。

小贴士

食谱采用烤箱水浴法制作，是因为我的蒸锅放不下这么长的模具。也可以直接放到水烧开的蒸锅里蒸5分钟，倒入蛋黄再蒸10分钟就好啦。

鲜掉舌头

艇仔粥

🕐 50分钟　⭐ 简单　👤 1人份

瑶柱鲜甜、鱿鱼劲道、蛋丝软滑……吃过这一碗，老广州人都要叹一句"舒服过神仙"。

材料

大米150克　　　炸花生碎5克
虾仁20克　　　鸡蛋1个
瑶柱30克　　　油条碎少许
烧鸭30克　　　盐适量
鱿鱼20克　　　香油少许
猪肉30克　　　白胡椒粉少许
姜丝3克

小贴士

1. 煮粥的大米宜用粳米，下锅前在水中加入香油和盐泡一下，煮出的粥会更香。

2. 泡瑶柱的水不要浪费，加入砂锅中一起煮，粥底更加鲜甜。

做法

1 大米洗净，加少许香油和盐泡一会儿。

2 瑶柱泡水。

3 烧鸭切小块。

4 鱿鱼洗净、切圈。

5 猪肉切丝后加入姜丝腌制。

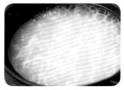

6 将大米倒入砂锅中，加入瑶柱和泡瑶柱的水，大火煮沸后转小火熬煮30分钟。

7 加入猪肉丝。

8 放入虾仁和鱿鱼圈，烫熟后关火。鸡蛋煎成蛋皮后切丝，和烧鸭块放入粥中，搅拌后放油条碎、炸花生碎即可。

艇仔粥

把体内寒气赶光光

姜的冬日特饮

⏱ 10分钟　⭐ 简单　👤 1人份

季节交替时总是容易感冒，一不小心就中招。小时候妈妈总会在这时做上一碗姜撞奶，姜要用老姜，奶要用水牛奶。不过出门在外没有这么讲究，做个简易版，滋味也不错，加上一杯姜黄奶茶，暖心暖胃，全身都舒服了。

姜黄奶茶 + 姜汁撞奶

材料

姜黄奶茶
姜黄3小块	牛奶1杯	肉桂粉少许	盐少许
生姜1小块	柠檬汁少许	黑胡椒少许	蜂蜜适量

姜汁撞奶
姜1块	牛奶150毫升	白砂糖15克

小贴士

如果买不到新鲜姜黄，可用等量的姜黄粉替代。柠檬汁、肉桂粉、盐、蜂蜜、黑胡椒都可以根据自己的喜好增减用量。

姜的冬日特饮

做法

1 制作姜黄奶茶：姜黄和生姜切末。

2 放入牛奶中煮开，加入柠檬汁、肉桂粉、盐和蜂蜜煮沸。

3 将汤汁过滤。

4 撒入少许黑胡椒即可。

5 制作姜汁撞奶：姜擦成蓉。

6 用纱布包裹，挤出姜汁。

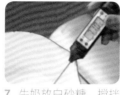

7 牛奶放白砂糖，搅拌均匀，煮至70～80℃。

8 关火后倒入姜汁中，待其凝固即可。

汤揪片子

练手速就用它

汤揪片子

⏱ 40分钟　⭐ 中等　👤 1人份

这道不起眼的面食在山西人的婚礼上可是承担着重要的作用，每个即将出嫁的姑娘在婚礼当天都要喝上这么一碗热乎乎的汤揪片子，揪的面片子数量也很有讲究，要"按岁数掐疙瘩"，出嫁时多少岁就吃多少个面片子。大概跟在蛋糕上插上和自己岁数一样的蜡烛是一个道理吧。

材料

面粉100克	葱段10克	干黄花少许
水适量	干木耳3朵	盐适量
西红柿1个	干蘑菇3朵	

做法

1 面粉中慢慢加水，用筷子搅拌成絮状，然后揉成面团，醒发半小时。

2 西红柿顶部切十字刀。

3 用开水烫一下，撕去外皮，切成小块。

4 锅内热油，放入葱段爆香，拣出葱段。

5 下西红柿块大火爆炒，炒至西红柿出水、变软。

6 将提前泡发的干木耳、干黄花、干蘑菇放入西红柿中，翻炒均匀。

7 加盐和足量的开水，大火烧开。

8 面团压扁，用刀切成比大拇指稍宽的条。

9 将每根面条扯成长长的宽条，再揪成2厘米左右长的面片下入锅中。大火煮5分钟即可。

小贴士

西红柿选用比较成熟的，切得块小一点儿，比较容易炒软。

不用盐卤和石膏

咸香豆腐花

⏱ 15分钟　⭐ 简单　👤 1人份

材料

黄豆50克	油条1根	酱油1/2勺
萝卜干50克	毛豆50克	
虾米10克	米醋1/2勺	

生长于南国的我，直到离家求学，才第一次知道豆腐花居然还可以是咸的。只一口，鲜香嫩滑直冲天灵盖，开胃爽口，滋味美妙。如果你要问我到底是"甜党"还是"咸党"，在故乡燥热海风吹拂的夏日，我选择冰冰凉的糖水豆腐花；如果在异乡的冬日，我推荐热乎的咸豆花。简简单单，配上煎香的虾米萝卜干，早餐来一碗，舒坦！

做法

1 黄豆提前一晚泡发。

2 将泡发的黄豆榨成豆浆。

3 豆浆煮沸后加入米醋和酱油，静置片刻，待其凝结成豆腐花絮状。

4 萝卜干切小粒，入热油锅，中小火慢慢煎香。

5 放入虾米，翻炒至微微泛黄后盛出。

6 油条切段、毛豆煮熟。豆腐花中加入毛豆、油条、虾米和萝卜干即可。

小贴士

1. 米醋不要放太多，豆花过酸的话吃起来口味就没这么好了。

2. 虾米和萝卜干是鲜香的秘诀，不要省略哦。

第四章 颜值爆表的 可爱早餐

奶味小鸡米糕

🕐 40分钟　⭐ 简单　👤 1人份

材料

大米粉50克　　　南瓜粉5克
蛋清45毫升　　　白砂糖5克
牛奶70毫升　　　黑芝麻适量

谁说米糕又紧实又寡淡，全身上下都写着"难吃"两个字？动动脑筋改良一下，浓郁的奶香味让人欲罢不能。

小贴士

1. 如果买不到大米粉，也可以自己用料理机将大米磨成粉，粉末粗细可以根据自己的喜好控制。

2. 混合蛋清与米糊时不要画圈搅拌，会使蛋清消泡，导致米糕口感变实，应该采用上下翻拌的手法。

做法

1 大米粉中加入40毫升牛奶，搅拌成米糊。

2 南瓜粉中加入30毫升牛奶，搅拌成南瓜牛奶。

3 将南瓜牛奶与米糊混合，加入白砂糖，搅拌均匀。

4 蛋清用电动打蛋器打至硬性发泡。

5 将1/3打发的蛋清放入南瓜米糊中，翻拌均匀后倒回剩余的蛋清中，继续翻拌均匀。

6 将拌好的蛋清米糊装入模具中，轻振模具，使表面平整。

7 水开后将模具放入蒸锅，蒸15~20分钟后取出、冷却，将米糕从模具中取出，用黑芝麻造型即可。

奶味小鸡米糕

小·猪佩奇馒头

🕐 60分钟　⭐ 困难　👤 2人份

材料

中筋面粉130克　　可可粉少许
酵母1克　　　　　红曲粉少许
水60毫升

做法

1 酵母放入温水中化开，倒入110克中筋面粉，低速搅拌成絮状，然后揉成团，盖上保鲜膜，在温暖处发酵20分钟。

2 取出面团，排气（留出一点儿白面团），一边排气一边裹入少许红曲粉和20克中筋面粉，直至面团切开后无气孔。将面团擀成片，用刀划出佩奇的轮廓。

火遍朋友圈的配图表情包——吹风机女孩小猪佩奇，谁还没用过呀，用过的来举个手！

3 取部分面团再加上红曲粉，揉成大红色面团，用大号裱花嘴切出腮红形状，剩余面团用手搓成细长条，做鼻子和嘴巴。

4 再取部分面团，加入可可粉，揉成黑色面团，擀成面片，用小号裱花嘴切出眼珠形状。

5 按小猪佩奇形状组装好。

6 凉水上锅，大火蒸20分钟，关火后闷3分钟即可出锅。

小猪佩奇馒头

小贴士

1. 面团要揉至表面光滑，切开无明显气孔。

2. 发酵结束后整个造型制作过程尽量快一些，以免再次发酵，造成成品表面凹凸不平。

仿真土豆包

连皮带泥都能吃

仿真土豆包

⏱ 50分钟　⭐ 中等　👤 3人份

春天在麦田里种下一颗土豆，秋天就会长出很多土豆包子。到底是土豆还是包子呢，已经傻傻分不清楚啦！

材料

面粉500克
水250毫升
红糖15克

酵母粉4克
白砂糖10克
玉米油5毫升

奶粉20克
可可粉50克
糖粉30克

蔓越莓馅适量

做法

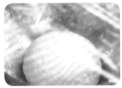

1 将面粉、水、红糖、白砂糖、酵母粉、玉米油放入碗中，揉成光滑的面团，盖上保鲜膜醒5分钟。

2 将面团搓成长条，切成大小适当的剂子。

3 取一个剂子，摁扁，稍擀开。

4 包入蔓越莓馅。

5 收口。

6 稍微搓长，捏出不规则的形状。

7 用竹签在面团上戳小孔，模拟土豆的样子。

8 盖上保鲜膜，醒发至两倍大。

9 冷水上锅，水开后中火蒸15分钟左右。

10 放入分别过筛、混合均匀的奶粉、可可粉和糖粉中滚一圈，让表面裹满粉末即可。

小贴士

1. 土豆包蒸好后，关火，将锅盖稍微掀开一条小缝，使水蒸气慢慢散出，3~5分钟后再完全打开，能够避免温度骤然下降引起包子开裂。

2. 土豆包蒸好后要充分放凉，再裹粉末。

馄饨皮千纸鹤

馄饨皮千纸鹤

🕐 15分钟　⭐ 简单　👤 1人份

材料

馄饨皮300克　　　　油半锅

女生中流传着这样一个说法：用心折的一千只纸鹤能给心爱的人带来幸福与好运，更能让病人早日康复。但吃货总觉得纸折的千纸鹤又不能吃，放着只能积灰，多浪费啊。直到我发现了这个油炸千纸鹤，能看又能吃，简直完美。

做法

1 将馄饨皮修整成正方形，按折纸法的步骤把馄饨皮折成千纸鹤的形状。

2 油温七成热时下锅炸，趁千纸鹤还未炸脆，用夹子修整外形。

3 炸至金黄后即可捞出，放在厨房用纸上吸油即可。

小贴士

1. 馄饨皮尽量现买现做，放久了边角会变硬，不易做造型。如果发现买来的馄饨皮已经变硬，可以稍微喷点儿水软化一下。

2. 试了几种千纸鹤的折法，发现最后翻折翅膀的折法炸出来的千纸鹤最不容易失败。

3. 炸制完成后可以蘸番茄酱或撒椒盐食用。

编织蛋包饭

🕐 25分钟　⭐ 简单　👤 1人份

将鸡蛋皮编成网格，给炒饭穿件"衣裳"，你会因颜值爱上这道菜。

材料

鸡蛋3个
竹轮2个
熟玉米粒适量
黑芝麻适量
番茄酱适量
胡萝卜1小段
香肠1根
炒饭1份

做法

1 将鸡蛋打散，放入玉子烧锅中，煎成2张蛋皮。

2 将蛋皮切成长条。

3 将蛋皮编织成网格状，盖在炒饭上。

4 竹轮煮熟后切成小段。

5 在竹轮上放入熟玉米粒和黑芝麻，做成卡通形状。

6 用番茄酱装饰，然后将竹轮放在蛋包饭上，点缀切片的胡萝卜和香肠即可。

小贴士

如果没有玉子烧锅，用圆形的煎锅煎蛋皮也可以。

编织蛋包饭

真的可以烧起来

海之味火山炒饭

🕐 30分钟　⭐ 中等　👤 1人份

这道燃烧的炒饭非常特别，不过友情提示，未成年人请勿玩火。

材料

蛋清1个　　　　　马苏里拉芝士适量
蛋黄1个　　　　　海苔丝少许
韩式辣酱1大勺　　麻油少许
米饭1碗　　　　　泡菜20克
飞鱼子适量　　　　朗姆酒10毫升

小贴士

浇朗姆酒时一定要注意安全，保证小锅周围没有易燃易爆的物品。小朋友千万不要自己在家模仿操作。

做法

1 热锅后倒麻油，放入蛋清和泡菜翻炒。

2 倒入米饭和泡菜汁，翻炒均匀。

3 将炒饭盛入可加热的小锅里。

4 在炒饭中间挖出个小洞。

5 加入1勺韩式辣酱，再放上蛋黄。

6 蛋黄周围依次撒上飞鱼子、马苏里拉芝士和海苔丝。

7 烤箱200℃预热，将小锅放入烤箱中烤制5分钟。

8 汤勺中倒入朗姆酒，点燃后浇到炒饭上即可。

海之味火山炒饭

猫咪甜甜圈

fruit&
ＸＸＸlate

猫咪甜甜圈

🕐 60分钟　⭐ 困难　👤 3人份

甜甜圈是"宅男宅女"们喜爱的食物，手中握着甜甜圈仿佛拥有了全宇宙，几口吃完一个，抹去嘴角的巧克力残渣，时光从未如此惬意。

材料

中筋面粉250克　黄油35克　酵母粉2克　棉花糖几颗
牛奶120毫升　细砂糖40克　白巧克力适量
鸡蛋1个　泡打粉2克　黑巧克力适量

做法

1 将中筋面粉、泡打粉、酵母粉和细砂糖放在盆中，混合均匀。鸡蛋打入牛奶中搅匀，过滤后倒入面粉中，撮成如面包屑一样的混合物。

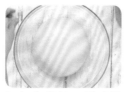

2 加入黄油，揉成面团，用保鲜膜包住，醒发1小时。

3 用擀面杖将面团擀成厚1~1.5厘米的面皮。

4 用甜甜圈圆模具压出所需形状。

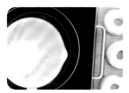

5 锅内放油，油温七成热时，放入甜甜圈面团，炸至一面变色后翻面。

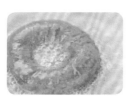

6 两面均膨胀、变成棕黄色后出锅，晾凉备用。

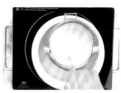

7 隔水加热白巧克力，化开后装入裱花袋。

8 将棉花糖剪成一端尖的猫耳形状，用白巧克力粘在甜甜圈上。

9 将甜甜圈均匀裹上白巧克力，晾至凝固。

10 将一部分白巧克力混合少许黑巧克力，隔水融化成牛奶巧克力色，装入裱花袋，涂成斑点。巧克力全部凝固后即可食用。

小贴士

1. 炸甜甜圈的油温刚开始不需要太热，随着油温升高，后面炸的甜甜圈熟的速度会变快，注意把火调小。

2. 如果没有专用的甜甜圈模具，用大号和小号的圆口杯子代替即可。

3. 每一步涂上的巧克力都要晾至凝固才可以进行下一步，如果常温下凝固不了就放冰箱里吧。

什锦甜甜圈饭团

什锦甜甜圈饭团

⏱ 20分钟　⭐ 简单　👤 4人份

发现一个方法，可以让食物瞬间身价倍增，那就是随便切点水果、蔬菜、坚果放上去，年度最高颜值甜甜圈饭团就诞生了。

材料

米饭600克
紫甘蓝100克
苹果醋3大勺
白醋2大勺
鱼露1小勺

盐适量
黑胡椒粉适量
橄榄油1小勺
白砂糖1小勺
寿司醋1大勺

香油1小勺
飞鱼子20克
樱桃萝卜1个
青萝卜1个
黑芝麻适量

牛油果1个
沙拉酱适量

做法

1 将紫甘蓝掰成小片，放入料理机中打碎。

2 加入300克米饭、苹果醋、白醋、鱼露、盐、黑胡椒粉、橄榄油和白砂糖，搅匀备用。

3 另外300克米饭加入寿司醋、香油和飞鱼子搅拌。

4 甜甜圈模具刷适量油，将两种米饭分别放入甜甜圈模具中，压实后取出。

5 将樱桃萝卜、青萝卜、牛油果切片，随意摆放在饭团上，涂上沙拉酱，撒上黑芝麻即可。

小贴士

米饭装入甜甜圈模具时一定要压实，不然容易散开。摆盘的蔬果可以根据自己的喜好更换。

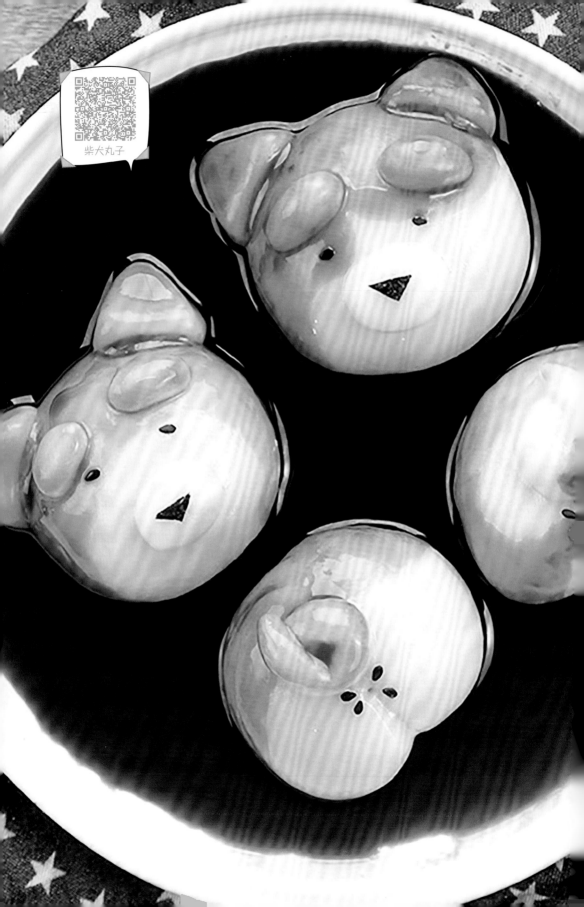
柴犬丸子

柴犬丸子

⏱ 20分钟　⭐ 中等　👤 1人份

萌宠界里，要论"屁屁"可爱，柯基可能要退位让贤了。今天带来的这款柴犬丸子的"肥屁屁"，可爱程度完全不输柯基，"狗狗控"可以收下了。

材料

糯米粉95克
内酯豆腐100克
酱油2大勺

味醂4小勺
黑糖30克
水80毫升

水淀粉10毫升
黑芝麻少许
海苔少许

做法

1 将糯米粉倒入盆中，加入内酯豆腐，揉成粉团。

2 取一部分粉团搓成椭圆形，做柴犬的头部。

3 再用粉团做出柴犬的鼻子、眉毛和耳朵。

4 取一个和头部相同大小的粉团，整理成椭圆形，做柴犬屁股，搓出尾巴粘在上面，用牙签压出屁屁的分界线。

5 锅中倒水，水开之后放入丸子。

6 煮3分钟后捞起。

7 用黑芝麻装饰眼睛和屁屁，海苔剪成倒三角形，做成鼻尖。

8 将酱油、味醂、黑糖和水倒入锅中煮开，加入水淀粉搅拌均匀，浇在柴犬丸子上即可。

小贴士

1. 做柴犬丸子头部时可以将丸子放入粘了淀粉的勺子中，拿着勺柄操作，就不会破坏丸子本身的形状了。

2. 内酯豆腐可以用适量的水代替。酱汁用刷子刷，更容易造型。

樱花饭团 +
抹茶热可可

樱花其实源自我国，秦汉时期就已经栽种在深宫内苑，唐朝时普遍出现在私家庭院，后来日本使者把樱花带了回去。樱花并没有什么味道，但是樱花饭团颜值很高。

颜值很高

樱花饭团 + 抹茶热可可

樱花饭团

🕐 10分钟　　⭐ 简单

👤 1人份

材料

盐渍樱花1小勺
酸梅3颗
米饭1碗
盐少许
樱花鱼松粉少许

做法

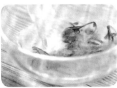

1 将盐渍樱花用水泡开。

2 酸梅取肉、切碎。

3 将酸梅肉放入米饭中，加少许盐调味，拌匀。

4 将米饭捏成圆形。

5 盖上一片泡开的樱花。

6 最后可以撒一些樱花鱼松粉。

抹茶热可可

🕐 5分钟　　⭐ 简单

👤 1人份

材料

牛奶250毫升　　白巧克力40克　　抹茶粉1大勺

做法

1 将牛奶微微煮沸。

2 放入掰碎的白巧克力。

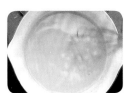

3 加入抹茶粉，充分搅拌均匀。

小贴士

1. 樱花鱼松粉是一种很常见的做寿司卷的材料，味道甜甜的，还有一点儿鱼的味道。如果没有，不加也没关系。

2. 盐渍樱花不光可以用来做饭团，还可以泡樱花茶，做樱花蛋糕和樱花饼干。

3. 抹茶粉在加入前可以用少许热牛奶充分化开，或者加入后用打蛋器充分搅匀，再用漏网过滤一次。

龙猫饭团

🕐 25分钟 ⭐ 中等 👤 1人份

材料

米饭1碗　　　　　海苔1片
芝麻粉10克　　　意面1根
芝士片1片

龙猫饭团制作步骤不复杂，可以配上各种蔬菜，就算是挑食的宝宝，心也会瞬间被超萌的造型融化。

做法

1 先留出一小部分米饭，剩余米饭和芝麻粉混合均匀。

小贴士

龙猫饭团外形非常可爱，不论是摆盘还是放在便当里，都是一份赏心悦目的早餐。饭团里的黑芝麻有乌发润发、美肤养颜的功效。根据自己的口味，还可以在米饭里加上盐或糖等调味料。

2 捏出一个灰色的椭圆形饭团。

3 饭团上面盖上预留的米饭,用保鲜膜包好、固定。

4 再用灰色饭团做出耳朵形状。

5 利用海苔和芝士片裁出眼睛、鼻子和纹路,用意面做出胡须造型,组装好即可。

龙猫饭团

小·鸡窝窝头

⏱ 40分钟　⭐ 中等　👤 3人份

我决定庆祝一下我的"消消乐"大杀四方，于是做了一桌消消乐酷炫小鸡窝窝头，准备消灭掉。记得吃得时候要一口吃掉，这样才消得彻底、消得完美。

材料

玉米粉60克　　水75毫升
糯米粉55克　　红曲粉少许
奶粉20克　　　竹炭粉少许
白砂糖20克

做法

1 将粉类材料和白砂糖混合，搅拌均匀。

2 慢慢加入水，揉成光滑的面团。

3 将面团分成12个小剂子。

4 捏成小鸡窝窝头的形状。

5 取一个面团，分成两半，分别加入红曲粉和竹炭粉，做成红色的嘴和黑色的眼睛形状。

6 将做好的小鸡窝窝头上蒸锅，大火蒸15～20分钟即可。

小贴士

窝头在以前主要是玉米粉做成的，多吃粗粮会比吃精粮更健康，但是口感较为粗糙。糯米粉的加入会让口感更佳软糯，做好的窝头最好趁热吃哦！

可爱又可口

毛茸茸蛋糕小·鸡

🕐 45分钟　⭐ 中等　👤 2人份

材料

鸡蛋2个	黄油50克	胡萝卜少许
空蛋壳5个	绵白糖25克	花生少许
面粉50克	柠檬汁2滴	黑芝麻少许

做法

1 在鸡蛋上戳一个洞，倒出蛋液。

立体的小鸡蛋糕，带上头盔，和小蘑菇一起愉快地玩耍，可爱极了。做法虽然麻烦，但并没有什么技术含量，"厨房小白"也能做。

2 蛋液中加入面粉、黄油、绵白糖和柠檬汁，搅拌均匀。

3 将蛋糕液倒入空蛋壳中。

4 包裹上锡纸，烤箱预热后170℃烤30分钟。

5 烤好后剥掉顶部的蛋壳，用胡萝卜做成嘴巴、鸡冠，黑芝麻做眼睛，花生做翅膀即可。

毛茸茸蛋糕
小·鸡

小·贴士

往蛋壳里倒入蛋糕液时注意不要倒太满，因为在烤制过程中蛋糕液会膨胀，太满的话会造成蛋壳破裂。

熊猫咖喱饭

🕐 35分钟　⭐ 中等　👤 1人份

材料

米饭1碗　　　　　胡萝卜1/2个
咖喱50克　　　　土豆1个
海苔适量　　　　盐适量
洋葱1/2个

做法

1 热锅放油，放入切丁的洋葱、胡萝卜和土豆，翻炒均匀，加适量水煮至沸腾，放入咖喱煮至收汁，加少许盐调味。

2 在模具内部刷油。

这大概是明明可以靠实力吃饭，却偏要靠颜值的国宝被"黑"得最厉害的一次了，我的内心毫无愧疚，竟然还有点儿想笑。

3 放入米饭并压实。

4 将米饭脱模取出。

5 贴上海苔片，做成熊猫的造型。

6 将煮好的咖喱倒入盘中，将熊猫饭团摆在周围即可。

熊猫咖喱饭

小贴士

除了土豆、洋葱、胡萝卜，咖喱中也可以加入其他自己喜欢的食材。

圆点蛋盖饭 +
网眼鸡蛋饼

蔡康永这样描述"圆点女王"草间弥生："她不知是在哪面墙上钻了一个洞，窥知了造物者的某个手势或背影，她从此寄居于这面墙上，在两个世界间来回顾盼。"

这次做一个圆点蛋盖饭，希望能从圆点的洞中，窥探到你们爱吃的样子。

圆点蛋盖饭 +
网眼鸡蛋饼

圆点蛋盖饭

⏱ 15分钟　⭐ 简单　👤 1人份

材料

鸡蛋2个
炒饭1碗

做法

1 将1个鸡蛋的蛋清和蛋黄分离，蛋清搅拌均匀。

2 蛋黄与另一个鸡蛋混合，搅拌备用。

3 热锅，放入蛋液，煎出圆形蛋饼。

4 用裱花嘴或其他圆形模具切出形状。

5 用针管在小圆孔中注入蛋清，煎熟。

6 放入炒饭后对折蛋皮即可。

网眼鸡蛋饼

⏱ 15分钟　⭐ 简单　👤 1人份

材料

牛奶30毫升
鸡蛋1个
低筋面粉50克
白砂糖10克

做法

1 将牛奶、鸡蛋、低筋面粉和白砂糖倒入碗里，搅拌均匀。

2 过筛后倒入裱花袋中，在顶部剪个小口。

3 平底不粘锅烧至微热，用面糊画出不规则网状纹路，小火煎至定形。

4 翻面，将另一面煎熟。

5 出锅后晾凉，卷起即可。

小贴士

1. 做网眼鸡蛋饼时要保持小火，动作尽量匀速。煎好的鸡蛋饼蘸些炼奶，十分美味。

2. 做圆点蛋皮时，尽量将蛋皮贴近锅，防止蛋清外流，破坏形状。

懒蛋蛋表情包

蛋黄哥牛奶布丁

🕐 30分钟　⭐ 简单　👤 2人份

材料

牛奶250毫升　　　罐头黄桃2个
鱼胶粉7克　　　　巧克力适量
白砂糖20克

天气越来越冷时，起床也变得越来越困难。再不起床就把你吃掉！不信吗？看！

小贴士

1. 如果杯子口径比较大，黄桃就不用切了，直接在半颗黄桃上画上表情即可。

2. 天气比较冷时，用巧克力画表情要一气呵成，尽量快点儿。

蛋黄哥牛奶
布丁

做法

1 鱼胶粉加入50毫升牛奶，搅拌后静置，凝固成凝胶状。

2 200毫升牛奶中加入白砂糖，煮至白砂糖化开。

3 关火后加入牛奶凝胶，过筛到杯子中，冷藏至布丁凝固。

4 将罐头黄桃切出适当的圆形，放在牛奶布丁上，用化开的巧克力画上眼睛、嘴巴即可。

喜滋滋烧果子

🕐 35分钟　⭐ 中等　👤 2人份

材料

蛋黄1个　　　　　泡打粉2克
炼乳70克　　　　低筋面粉100克
淡奶油20克　　　食用色素适量
豆沙馅适量

做法

1 将蛋黄、炼乳、淡奶油混合均匀。

2 加入泡打粉和低筋面粉，揉成面团，裹上保鲜膜，冷藏30分钟。

喜滋滋烧果子

烧果子作为一种日式点心，不知道俘获了多少少女心。最喜欢的步骤便是捏形状和画表情了，有时间和身边的人一起做，亲子间增加互动，情侣间增加爱意，一定要试试。

3 将冷藏好的面团切成小块，擀成面皮，包入豆沙馅。

4 捏出自己喜欢的形状。

5 放入180℃预热的烤箱烤20分钟。

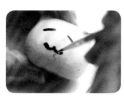

6 蘸食用色素给烤好后的烧果子画上表情即可。

小贴士

1. 没有食用色素，可以用化开的巧克力代替。

2. 如果没有淡奶油，换成炼乳就可以了。

3. 泡打粉不能省去，但是也不能加太多，否则果子的表面就要裂开啦！

橘子馒头

居然没有橘子

橘子馒头

🕐 60分钟　⭐ 困难　👤 3人份

好像小孩子都不爱吃胡萝卜，可我发现用胡萝卜泥做出来的馒头却没有任何胡萝卜的味道，还能补充不少维生素呢。再也别告诉小孩子"小白兔爱吃胡萝卜，所以你也要吃"啦。把这款馒头扮成橘子，做给不爱吃胡萝卜的朋友，他们一定喜欢。

材料

胡萝卜400克　　　　酵母8克
面粉500克　　　　　干净的橘子叶若干
水200毫升

做法

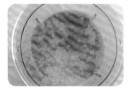

1 胡萝卜加少许水，用搅拌机打成泥。

2 酵母加少许温水，静置8分钟。

3 将酵母水、胡萝卜泥放入面粉中，加适量水。

4 揉成不粘手的面团，覆盖保鲜膜后放在温暖处发酵1小时左右，发至2倍大。

5 将面团揉捏排气，分成小剂子。

6 将小剂子捏成圆球，裹上一点儿面粉，包入干毛巾里揉出表面的纹路。

7 在顶部用筷子按出凹陷，用牙签做出橘子的纹路。

8 静置醒发20分钟后放入蒸锅，大火蒸10~15分钟。

9 出锅后插上干净的橘子叶装饰即可。

小贴士

1. 不同面粉的吸水性不同，面粉和水的比例需要酌情考虑。揉面时觉得干了就加水，觉得粘手就加些面粉。胡萝卜榨汁时尽可能少加水，水太多会稀释颜色，馒头的颜色就不逼真了。

2. 裹入毛巾之前可以在面团表面撒少许面粉，防止粘毛巾。馒头塑形时，纹路可以深一点儿，因为蒸时馒头膨胀，纹路会变浅。面团做高一点儿，不要捏得太扁，因为馒头在蒸时会往下塌一点儿。

3. 馒头是无味的，也不会有胡萝卜的味道，如果爱吃甜的可以加点儿糖。

呆萌好上手

香肠木乃伊

🕐 25分钟　⭐ 中等　👤 2人份

冰箱里能吃的所剩无几，只有几根香肠跟飞饼。
做了太多手抓饼，今天心血来潮，用简单的食材
来模仿呆萌的木乃伊。

材料

香肠4根　　　　　　　花生酱少许
飞饼1张

香肠木乃伊

做法

1 把飞饼解冻后切成条。

2 将飞饼条缠绕在香肠表面，在上部要露出一部分，当作木乃伊的脸。

3 放入烤箱，200℃烤15~20分钟，冷却到不烫手时用花生酱做出眼睛。

小贴士

香肠木乃伊的材料非常简单，都是很容易买到的材料，如果手边刚好有这两种材料，不妨试试看！如果家里没有花生酱，眼睛也可以用剩余的飞饼做出来。

颜值高、内涵丰富的花环汉堡，每个都包含8个
迷你小汉堡，非常适合分享。

比花儿还美

花环汉堡

🕐 60分钟　⭐ 困难　👤 3人份

花环汉堡

材料

高筋面粉200克　　　白砂糖20克　　　　生菜适量
酵母3克　　　　　　蛋液35毫升　　　　培根适量
牛奶90毫升　　　　　水40毫升　　　　　虾仁适量
低筋面粉55克　　　　黄油18克　　　　　樱桃萝卜适量
盐3克　　　　　　　白芝麻适量

做法

1 酵母和牛奶混合，溶解后加入150克高筋面粉，揉搓成团，放到温暖湿润处，发酵至3倍大。

2 将发酵好的面团撕成小块，加入剩余的高筋面粉、低筋面粉、盐、白砂糖、蛋液和水搅拌，揉搓成略光滑的面团，加入黄油，揉至扩展阶段。

3 盖保鲜膜醒发30分钟，将面团分为8个40克和8个18克的小面团。

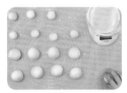

4 将所有面团整形、滚圆。

5 将18克的小面团均匀裹上一层白芝麻。

6 将40克的面团放入八寸蛋糕模具中，18克的面团放入6寸蛋糕模具中，发酵至两倍大。

7 将两个模具分别放入预热好的烤箱中，170℃烤15分钟。

8 取出后分别切口，夹入生菜、煮熟的虾仁、煎熟的培根和切成片的樱桃萝卜即可。

小贴士

1. 揉面团时可以采用搓、摔打、揉的方式，使面团更容易出手套膜。

2. 蔬菜和肉类可以根据自己的喜好更换，加点儿沙拉酱更美味。当然，老干妈也没关系。

童年鸡腿包

⏱ 60分钟　⭐ 困难　👤 3人份

材料

高筋面粉180克	蛋液20毫升	咸蛋黄5个
低筋面粉20克	牛奶50毫升	肉松适量
酵母3克	水70毫升	豆沙适量
白砂糖30克	黄油35克	
盐3克	火腿肠5根	

做法

1 将高筋面粉、低筋面粉、酵母、白砂糖、盐、蛋液、牛奶和水倒入大碗中,揉至面团光滑,加入黄油,揉至扩展阶段。

2 盖上保鲜膜,将面团发酵至2倍大,取出后排气,分成5等份,每份80克。放在案板上滚圆,松弛20分钟。

3 将火腿肠切剩2/3。

4 穿在一次性筷子上。

5 取一个滚圆的面团,压扁后擀成一边薄一边厚的椭圆形。

6 铺上豆沙、肉松、咸蛋黄,放入穿好的火腿肠。

7 收口、捏紧,放至温暖湿润处发酵至2倍大。

8 锅中油烧至175℃,放入发酵好的面团炸制。

9 炸2分钟后翻面,再炸2分钟即可。

小贴士

揉面过程中水不要一下子倒完,需根据面粉的吸水性逐渐加水,直至合适的湿度。

图书在版编目（CIP）数据

不一样的元气早餐 / 太阳猫工作室编著. —北京：
中国轻工业出版社，2020.1

ISBN 978-7-5184-2715-4

Ⅰ .①不… Ⅱ .①太… Ⅲ .①食谱 Ⅳ .① TS972.12

中国版本图书馆 CIP 数据核字（2019）第 242593 号

责任编辑：胡　佳　　责任终审：劳国强　　整体设计：锋尚设计
责任校对：李　靖　　责任监印：张京华

出版发行：中国轻工业出版社（北京东长安街6号，邮编：100740）
印　　刷：北京博海升彩色印刷有限公司
经　　销：各地新华书店
版　　次：2020年1月第1版第1次印刷
开　　本：720×1000　1/16　印张：12
字　　数：200千字
书　　号：ISBN 978-7-5184-2715-4　定价：49.80元
邮购电话：010-65241695
发行电话：010-85119835　传真：85113293
网　　址：http://www.chlip.com.cn
Email：club@chlip.com.cn
如发现图书残缺请与我社邮购联系调换
171464S1X101ZBW